高职高专艺术设计专业规划教材·产品设计

ENGINEERING FOUNDATION OF PRODUCT

产品工学基础

甄丽坤　白仁飞　编著

中国建筑工业出版社

图书在版编目（CIP）数据

产品工学基础／甄丽坤等编著. —北京：中国建筑工业出版社，2014.10
高职高专艺术设计专业规划教材·产品设计
ISBN 978-7-112-17248-1

Ⅰ.①产… Ⅱ.①甄… Ⅲ.①产品设计－高等职业教育－教材 Ⅳ.①TB472

中国版本图书馆CIP数据核字（2014）第211477号

对应产品设计专业学生知识及能力培养目标，本书着重从以下几个方面来展开：一是以理解产品的功能及实现原理为目的的工学基础知识的学习，使学生能够运用技术术语和基础理论与工程师沟通，能够运用理论知识进行创新设计；二是针对以产品形态的实现为目的的材料与工艺的基础知识的学习，使学生能够为产品形态选择材料，了解加工工艺及对产品造型的影响。

责任编辑：李东禧 唐 旭 焦 斐 吴 绫
责任校对：李欣慰 关 健

高职高专艺术设计专业规划教材·产品设计
产品工学基础
甄丽坤 白仁飞 编著
*
中国建筑工业出版社出版、发行（北京西郊百万庄）
各地新华书店、建筑书店经销
北京嘉泰利德公司制版
北京方嘉彩色印刷有限责任公司印刷
*
开本：787×1092毫米 1/16 印张：$7\frac{1}{2}$ 字数：175千字
2014年11月第一版 2014年11月第一次印刷
定价：**45.00**元
ISBN 978-7-112-17248-1
（26014）

序

2013年国家启动部分高校转型为应用型大学的工作，2014年教育部在工作要点中明确要求研究制订指导意见，启动实施国家和省级试点。部分高校向应用型大学转型发展已成为当前和今后一段时期教育领域综合改革、推进教育体系现代化的重要任务。作为应用型教育最基层的众多高职、高专院校也会受此次转型的影响，将会迎来一段既充满机遇又充满挑战的全新发展时期。

面对众多研究型高校转型为应用型大学，高职、高专作为职业技术的代表院校为了能够更好地迎接挑战，必须努力提高自身的教学水平，特别要继续巩固和加强对学生操作技能的培养特色。但是，当前职业技术院校艺术设计教学中教材建设滞后、数量不足、种类不多、质量不高的问题逐渐显露出来。很多职业院校艺术类教材只是对本科教材的简化，而且均以理论为主，几乎没有相关案例教学的内容。这是一个很大的问题，与当前学科发展和宏观教育发展方向是有出入的。因此，编写一套能够符合时代发展需要，真正体现高职、高专艺术设计教学重动手能力培养、重技能训练，同时兼顾理论教学，深入浅出、方便实用的系列教材就成为了当务之急。

本套教材的编写对于加快国内职业技术院校艺术类专业教材建设、提升各院校的教学水平有着重要的意义。一套高水平的高职、高专艺术类教材编写应该有别于普通本科院校教材。编写过程中应该重点突出实践部分，要有针对性，在实践中学习理论，避免过多的理论知识讲授。本套教材邀请了众多教学水平突出、实践经验丰富、专业实力雄厚的高职、高专从事艺术设计教学的一线教师参加编写。同时，还吸纳很多企业一线工作人员参加编写，这对增加教材的实用性和实效性将大有裨益。

本套教材在编写过程中力求将最新的观念和信息与传统知识相结合，增加全新案例的分析和经典案例的点评，从新时代的角度探讨了艺术设计及相关的概念、方法与理论。考虑到教学的实际需要，本套教材在知识结构的编排上力求做到循序渐进、由浅入深，通过大量的实际案例分析，使内容更加生动、易懂，具有深入浅出的特点。希望本套教材能够为相关专业的教师和学生提供帮助，同时也为从事此专业的从业人员提供一套较好的参考资料。

目前，国内高职、高专艺术类教材建设还处于起步阶段，还有大量的问题需要深入研究和探讨。由于时间紧迫和自身水平的限制，本套教材难免存在一些问题，希望广大同行和学生能够予以指正。

总主编　魏长增
2014年8月

前　言

产品设计专业主要是为工业设计公司或工业产品设计与制造企业培养从事新产品的开发或产品三维造型设计等相关工作的产品设计师。设计师既不同于艺术家也不同于工程师，需要同时具备艺术家造型和色彩的能力、形象思维的能力和工程师的工程技术知识和逻辑思维的能力，这两者是对设计师的能力方面的要求。而设计师的工作是进行产品设计。纵观工业设计史，无论什么样的设计风格、设计理念，最终都需要以造型和色彩来体现，而造型和色彩必然以材料为物质基础，将材料加工成相应造型必然离不开加工工艺，而材料与工艺只有实现一定的功能才能称之为产品。作为一个设计师要具备处理好造型、功能、材料、工艺之间的关系的能力，处理好艺术与技术、经济之间关系的能力。这种能力的培养不是一蹴而就的，一方面需要基础知识的学习，另一方面离不开在设计实践中的磨炼。另外这种能力的培养还能够帮助提高设计师与工程师交流和配合的能力。

《产品工学基础》这门课程面对当前高职学生的知识和能力的现状，一方面要帮助他们复习和巩固已有知识，另一方面还要在原有基础上对知识体系有深化、升华、拓展、完善，同时还要注重对艺考生源的逻辑思维能力的培养，并与产品设计专业密切联系。

但是产品设计专业涉及的行业众多、领域众多，对于工学知识的学习不能逐一进行，而必须以点带面，在学习的过程中要有重点、有典型，同时也要照顾到涉及范围的广度，能够举一反三。

同时由于学时有限、学生的精力有限，精修、精研固然好，但却不是最有效的，所以在学习过程中对于知识框架和相互关联的理解很重要，对于所学知识有效的运用更重要。结合高等职业教育的特点和本专业对于工学知识的需求情况，本书采用任务驱动的方式展开。

在本书任务中涉及案例均为原创设计，部分曾在国内外设计大赛中获奖。为了保证本书的质量，书中的一些数据引用自国标，部分图片来自网络，特此说明，并表示衷心的感谢。

由于编者的水平和学识有限，书中难免有不当之处，恳请读者批评指正。

目 录

第一章　力与产品

【学习任务】

1.“摁”章受力分析

2.“会飞的螺丝刀”受力分析

3. 选择拔河的绳子

【任务目标】

学习力学的知识、力矩的知识、材料力学的知识，理解平衡的条件，并能够运用它对产品进行受力分析。

【任务要求】

能够运用力学基本原理对创意设计的产品进行受力分析，完善设计细节，使产品设计更科学、合理、可靠。

第一节 力与产品

如图 1–2 所示为一“摁”章的设计，请同学利用力学相关知识对此创意与传统印章之间的对比进行分析。

一、基础知识介绍

1. 力的基本知识

力（F）是物体与物体之间或物体各部分之间的相互作用。物体与物体之间的相互作用为外力，物体各部分之间的相互作用为内力。

国际单位：牛顿，符号是 N。

力的三要素：大小、方向、作用点。用一个箭头的起点表示力的作用点，箭头的长度表示力的大小，箭头的方向表示力的方向（图 1–3）。

力的运算：平行四边形法则——以表示两个共点力的有向线段为邻边作一平行四边形，该两邻边之间的对角线即表示两个力的合力的大小和方向（图 1–4）。

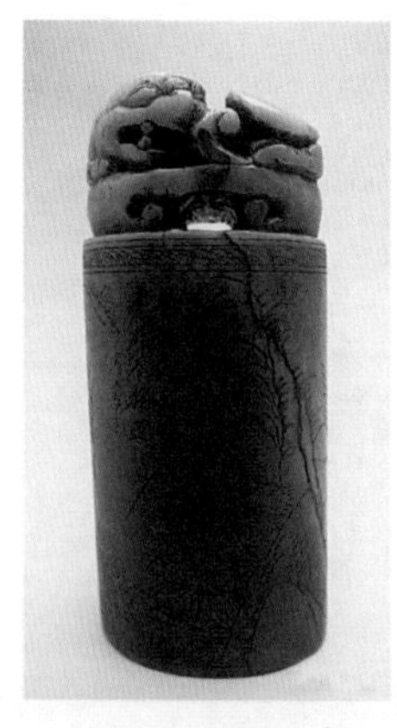

图 1–1 传统印章

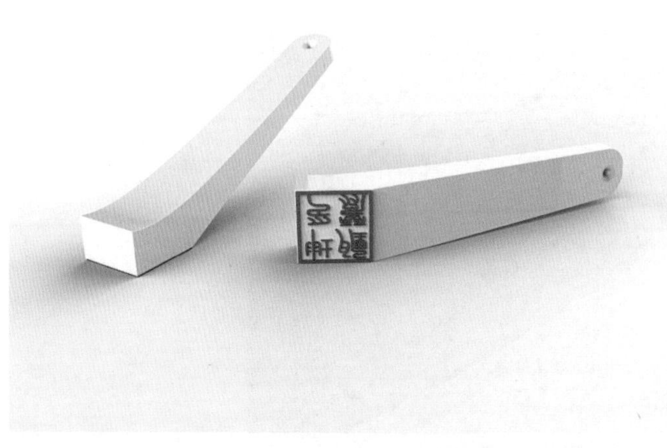

图 1–2 “摁”章

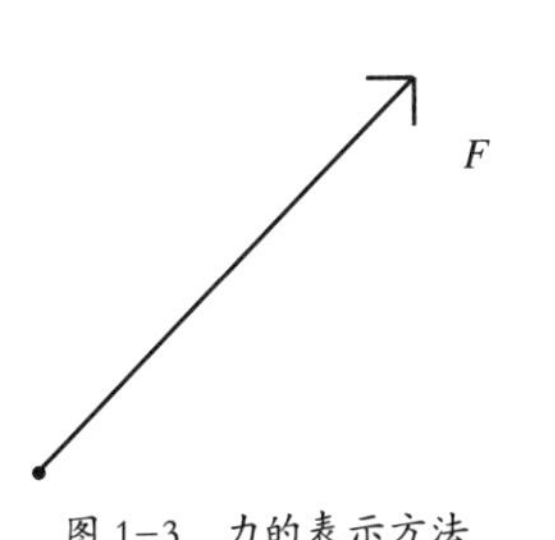

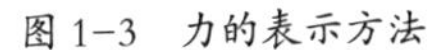
图 1-3　力的表示方法

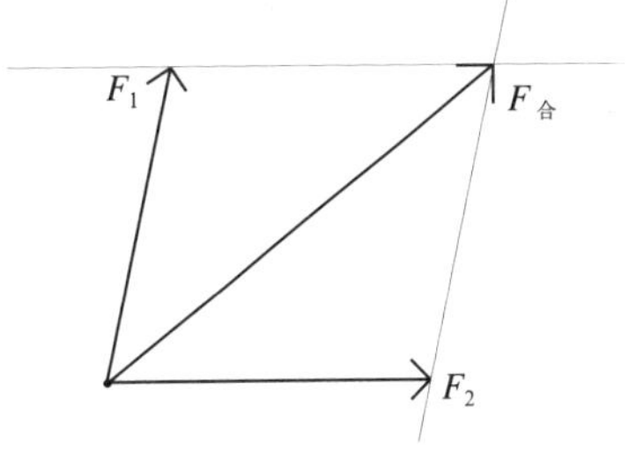

图 1-4　力的合成示意图

2. 力的基本定律和公理

牛顿三大运动定律

惯性定律：任何物体都保持静止或匀速直线运动状态，直到其他物体所作用的力迫使它改变这种状态为止。

加速度定律：物体在受到外力作用时，其所获得的加速度大小与所受外力矢量和的大小成正比，与物体的质量成反比，加速度的方向与外力矢量和的方向相同（$a=F/m$ 或 $F=ma$）。

作用力和反作用力定律：两个物体相互作用时，作用力和反作用力大小相等，方向相反，在同一直线上。

3. 常见的力（图 1-5）

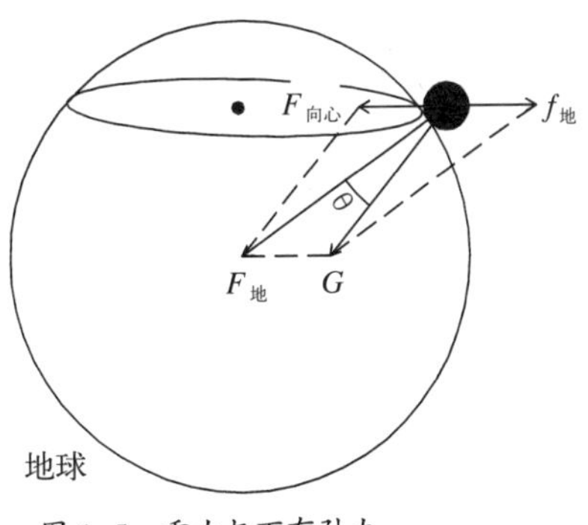

图 1-5　重力与万有引力

1）万有引力（F）

自然界中任何两个物体都是相互吸引的，引力的大小跟这两个物体的质量乘积成正比，跟它们的距离的二次方成反比。

方向：指向物体的几何中心。

大小：$F=GmM/r^2$，即万有引力等于引力常量乘以两物体质量的乘积除以它们距离的平方。其中 G 代表引力常量，其值约为 6.67×10^{-11}，单位 $N\cdot m^2/kg^2$。

2）重力（G）

地面附近的物体由于地球的吸引而受到的力，叫作重力。

方向：竖直向下。

大小：$G=mg$，重力加速度 $g=9.80m/s^2$。

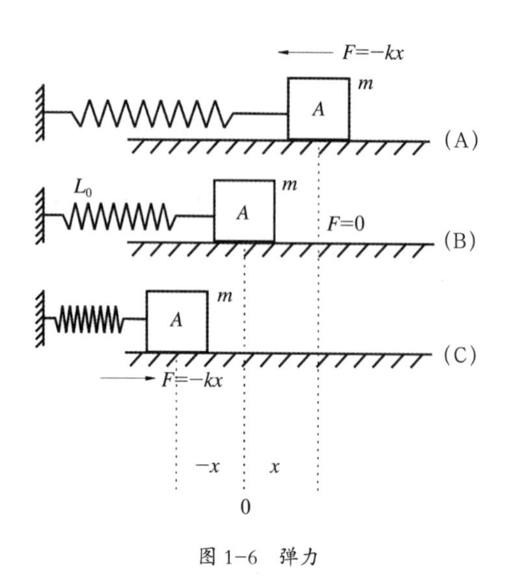

图 1–6 弹力

3）弹力（F）

弹力是发生弹性形变的物体，会对跟它接触的物体产生力的作用。拉力、压力、支持力、推力、张力等都属于弹力。

方向：总是与物体形变的方向相反。压力或支持力的方向总是垂直于支持面而指向被压或被支持的物体。

大小：一般情况下无法直接计算，但弹性材料力遵循胡可定律 $\Delta F=k\Delta x$ 或 $F=-kx$。

k 称为弹簧的劲度系数（也称弹性系数），单位是牛顿 / 米，符号是 N/m。Δx 为弹簧的形变量（图 1–6）。

4）摩擦力

两个互相接触的物体，当它们发生相对运动或有相对运动趋势时，在两物体的接触面之间有阻碍它们相对运动的作用力，这个力叫摩擦力。

方向：摩擦力与接触面相切，且与相对运动方向或与相对运动趋势方向相反。

• 滑动摩擦力

当一个物体跟另一个物体有相对滑动时，在它们的接触面上产生的摩擦力叫作滑动摩擦力。

大小：$f=\mu N$。其中 N 是正压力，μ 是滑动摩擦因数，与接触面有关。

• 静摩擦力

若两相互接触，而又相对静止的物体，在外力作用下如只具有相对滑动趋势，而又未发生相对滑动，则它们接触面之间出现的阻碍发生相对滑动的力，叫作静摩擦力。

大小：①最大静摩擦力：静摩擦力存在最大值，即使物体由静止变为运动的最小力，称为最大静摩擦力。它略大于使物体刚要运动所需要的最小外力（最小滑动摩擦力）。②静摩擦力的大小不是一个定值，静摩擦力随实际情况而变，大小可以是零和最大静摩擦力之间的任一数值，即 $0<F\leqslant F(\max)$。

• 滚动摩擦力

它实质上是静摩擦力。接触面愈软，形状变化愈大，则滚动摩擦力就愈大。一般情况下，物体之间的滚动摩擦力远小于滑动摩擦力。在交通运输以及机械制造工业上广泛应用滚动轴承，就是为了减少摩擦力。

5）流体阻力

气体和液体都具有流动性，统称为流体。物体在流体中运动时，会受到流体的阻力。

方向：与物体相对于流体运动的方向相反。

大小：流体的阻力跟物体相对于流体的速度有关，当物体的速度不太大时，阻力与它的速率 V 成正比；当物体穿过流体的速率超过某限度时，阻力与它的速率平方成正比；如果物体与流体的相对速度提高到接近空气中的声速时，阻力与速率的三次方成正比（图 1–7）。

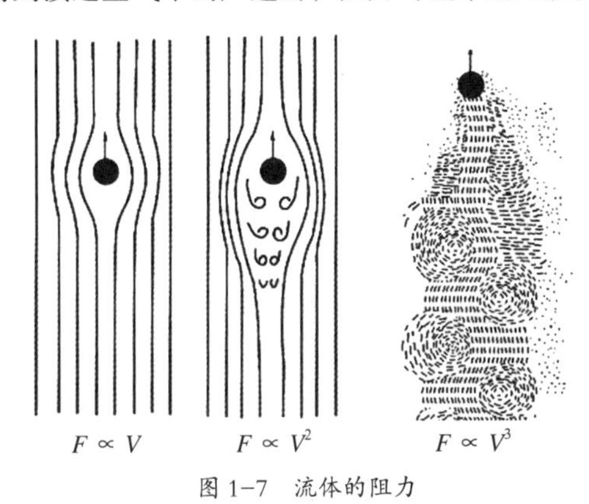

图 1–7　流体的阻力

流体的阻力跟物体的横截面积有关，横截面积越大，阻力越大。

流体的阻力还跟物体的形状有关系，头圆尾尖的物体所受的流体阻力较小，这种形状通常叫作流线型。

一般来说，空气阻力比液体阻力、固体间的摩擦要小。

二、任务实施

1. 分析传统印章使用过程中的受力

传统印章的使用过程中是依靠手与印章侧壁的静摩擦力来施加向下压力的，使用状态和受力分析如图 1–8、图 1–9：

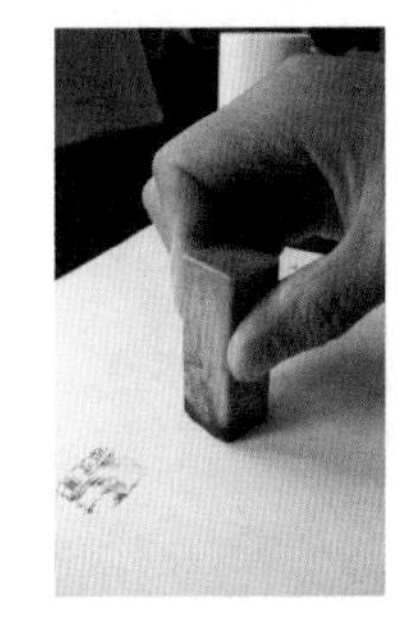

图 1–8　传统印章的使用

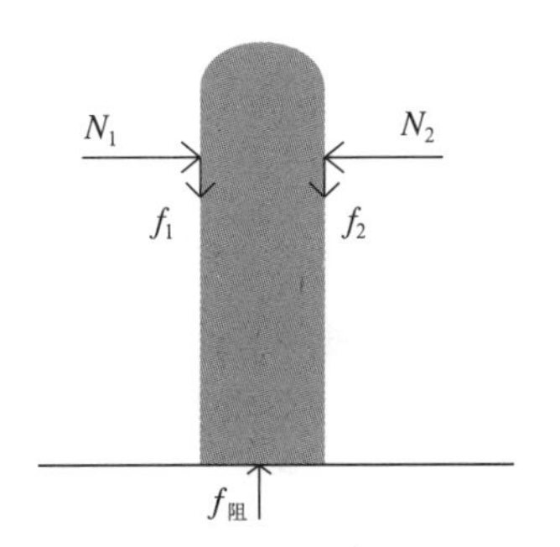

图 1–9　传统印章的受力

2. 分析“摁”章使用时的受力

“摁”章使用过程中是直接将手的压力作用直接作用在“摁”章上来施加压力的，使用状态和受力分析如图 1–10、图 1–11。

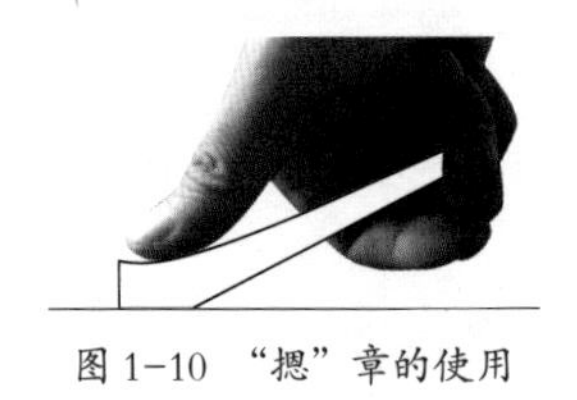

图 1-10 “摁”章的使用

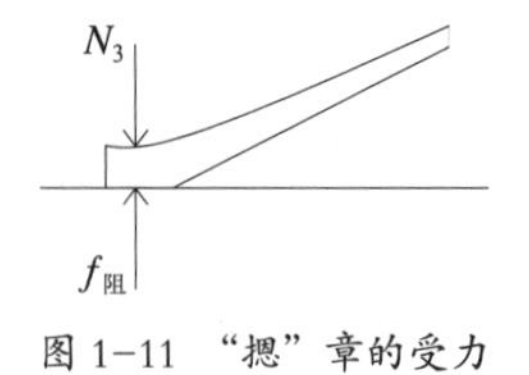

图 1-11 “摁”章的受力

3. 传统印章与“摁”章受力比较

在使用过程中，传统印章是依靠手作用到印章侧壁的静摩擦力 f_1、f_2 来完成印制的，而静摩擦力产生是手指给印章施加的一对水平方向的平衡力 N_1、N_2 提供的正压力，同时由于手指与印章间的相对运动趋势而产生了竖直向下静摩擦力。也就是说施加 N_1、N_2 两个压力，得到的 f_1、f_2 两个摩擦力是有效完成工作的作用力。由基础知识得知 $f_1=f_2 \leqslant f_{max}=N_1\mu$（$\mu$ 为最大静摩擦系数，一般情况小于 1），所以 $N_1 \geqslant f_1/\mu$。

“摁”章在使用过程中，手施加给“摁”章的直接就是竖直向下的压力 N_3，而有效完成工作的力即 N_3。

通过两个过程的比较，发现一般情况下，印章作用在纸面压力相等的前提条件下，使用“摁”章时人施加的力要小于使用传统印章时施加的力。

另外，从使用过程来看，使用“摁”章时的施力更加直接和确定，减少了过程中的不确定因素。

4. 关于“摁”章的评价

此“摁”章一改传统印章的外观，外观的改变同时改变了印章的使用方式，利用了力学相关知识，使之成为一个省力并且确定的物件。

与传统四面相同的中轴对称式的印章不同的是，在使用过程中它不需要使用者辨认印章的方向，只需要按章常用的姿势按下即可。

从使用时的动作来看，“摁”章使用时的动作类似于按手印，在产品的造型设计中运用了移植的方法。

产品设计中的力的因素的考虑，使用的方便性的考虑和使用动作的设计，使得这个小创意丰满、省力、可靠、方便、巧妙、合理。

三、任务小结

通过这个任务的实施使学生充分认识到《产品工学基础》的重要性，学习了力的基本概念和定律、常见的几种力及其存在条件、力的平衡条件，能够进行简单的受力分析，提示学生不仅关注产品的造型设计，还要通过理性的分析发现好的创意。同时由于是第一个任务，难度较低，趣味性较强，学生能够和容易理解，甚至独立完成整个分析过程，增强了学习本门课程的兴趣和信心。

第二节　力矩与产品

如图 1–12、图 1–13 为一螺丝刀的创意设计，请分析它两种工作状态下所受力矩情况。

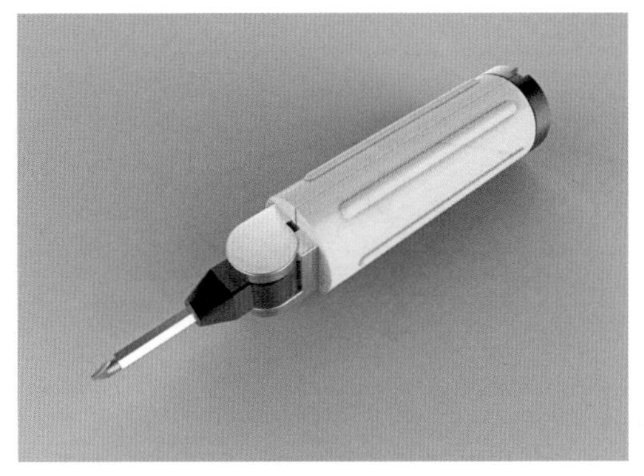

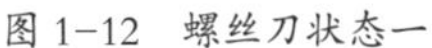

图 1–12　螺丝刀状态一

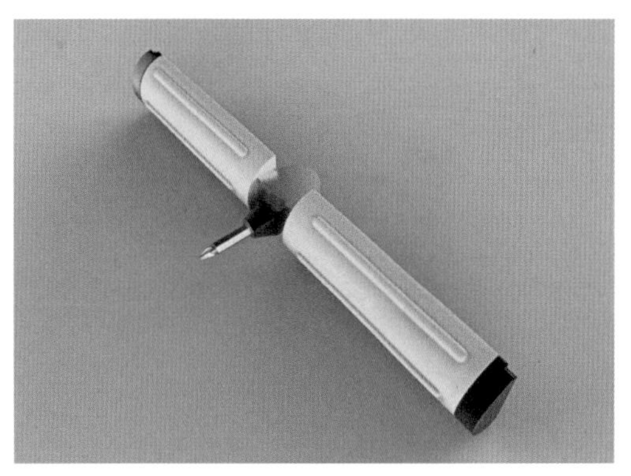

图 1–13　螺丝刀状态二

一、基础知识介绍

1. 力矩的定义：力（F）和力臂（L）的叉乘（M）。物理学上指使物体转动的力乘以到转轴的距离。

2. 力矩的计算：$M=L\times F$

3. 力矩的单位：牛顿·米

4. 力矩的方向：力矩的方向与它所造成的旋转运动的旋转轴同方向。力矩的方向可以用右手定则来决定。假设作用力垂直于杠杆。将右手往杠杆的旋转方向弯卷，伸直大拇指与支点的旋转轴同直线，则大拇指指向力矩的方向。

5. 合力矩：平面汇交力系的合力对平面任一点的矩，等于力系中各分力对于同一点力矩的代数和。

6. 力矩的平衡条件：各力对转动中心的矩的代数和等于零。

二、任务实施

1. 状态一当中的力矩问题

此创意螺丝刀的状态一与普通螺丝刀相同，用螺丝刀拧螺丝的过程本质上是螺丝刀作用在一字或十字槽中的力 F 产生的力矩 M_F 大于螺纹间的静摩擦力 f 产生的力矩 M_f，从而逐渐将螺钉拧紧或拧松的。根据作用力与反作用力定律，在这个过程中螺钉同时也会给螺丝刀一个反作用力 F'大小等于 F，方向与 F 相反。而在螺丝刀手柄部分，人的手部给螺丝刀一个摩擦力 f'，当 f'产生的力矩 $M_{f'}\geq M_{F'}$，同时当 F 产生的力矩 $M_F\geq M_f$ 时，人才能够转动螺丝刀，而 $M_{F'}=M_F$，所以能够拧紧或拧松锁定的条件是 $M_{f'}\geq M_f$ 。$M_{f'}=f'\times d$，$M_f=f\times d'$（d'为螺钉的直径）。对于同一情况下显然螺钉相同，拧的松紧程度相同，那么 M_f 恒定，也就是说如果螺

丝刀手柄的直径 d 越大，操作者需要施的摩擦力就越小，相应的产生摩擦力的正压力也就越小，就更省力，相反则会费力（图 1–14）。

2. 状态二当中的力矩问题

当使用状态二的时候，同使用状态一的时候目的是一样的，假设需要完成相同的任务使用状态二时，人作用在手柄上的力 N 产生的力矩 M_N 大于螺丝钉一字或十字槽作用给螺丝刀的力 F'产生的力矩 $M_{F'}$时，才能转动螺丝刀（图 1–15）。

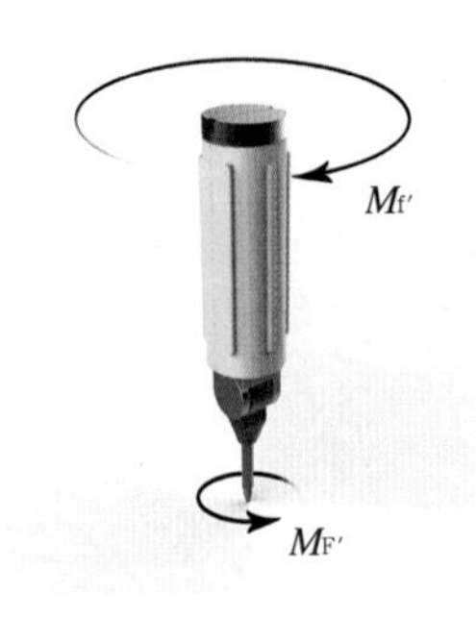

图 1–14 状态一力矩分析

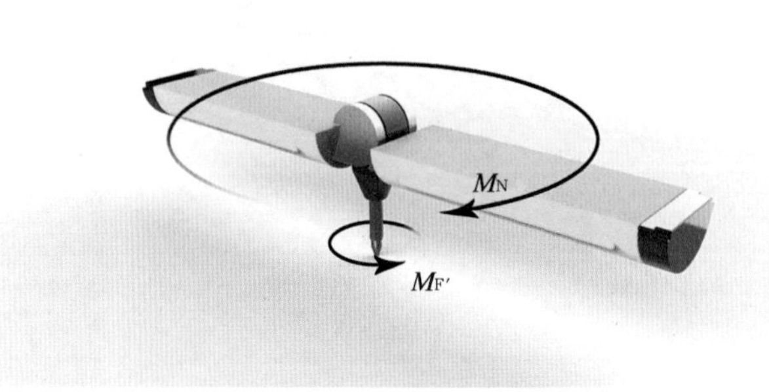

图 1–15 状态二力矩分析

3. 两者比较

此处涉及阻力矩和状态一中是相同的，所以状态二刚刚拧动的情况下的 $M_N=M_{f'}$，显然 N 的力臂远远大于 f'的力臂，所以 N 远远小于 f'。同时由于 f'为摩擦力，产生 f'所需的正压力 N'就更大于 N，所以在相同情况下，状态二要远比状态一省力。

4. 关于本设计的评价

此创意对产品的外观改变并不大，更多的是从结构上进行了设计，使用了一些力学的知识对常用的一种工具以一种比较合理的方式进行了改造，达到了省力的目的。

三、任务小结

通过这个任务学生了解了力矩的概念、力矩平衡的条件，能够进行简单的力矩分析。通过这个产品的分析，不仅可以巩固任务二所学知识，同时对于任务一所学知识也是一个复习，更告诫学生不能仅凭第一印象来做最后决定，只有理性客观的分析才能够对产品有一个全面的认识。启发学生运用力矩的基础知识开拓创新思路，从而创造出更巧妙、合理和安全的作品。

第三节 材料力学

教师准备相同材质，不同粗细的线绳 5 条一组；相同粗细，不同材质的线绳 5 条一组，如图 1–16、图 1–17 所示。由学生尝试分别将这些教具拉断，记录线绳的材质和粗细及用力情况，并分析这些数据的关系，从而了解材料力学的基础知识。

一、基础知识介绍

1. 内力的定义

内力是物体内部各部分之间的相互作用。在进行产品设计的过程中，要依据材料力学的原理设计出构件或零部件的合理形状和尺寸，以保证它们具有一定的力学性质，因此就涉及内力的问题。

2. 弹性几何体的分类

根据几何形状以及各个方向上尺度的差异，弹性体大致可分为杆、板、壳、体四大类。

杆——一个方向的尺度远远大于其他两个方向的尺度（图 1–18）。

板——一个方向的尺度远远小于其他两个方向的尺度，且各处曲率均为零（图 1–19）。

壳——一个方向的尺度远远小于其他两个方向的尺度，且至少有一个方向的曲率不为零（图 1–20）。

体——三个方向具有相同量级的尺度（图 1–21）。

3. 杆件受力变形

轴向拉伸（压缩）——当杆件两端承受沿轴线方向的拉力或压力时，杆件将产生轴向伸长或压缩变形（图 1–22、图 1–23）。

剪切——在平行于横截面的两个相距很近的平面内，方向相对的作用着两个横向力，当这两个力相互错动并保持他们之间的距离不变时，杆件将产生剪切变形（图 1–24）。

扭转——当作用在杆件上的力组成作用在垂直于杆轴线的平面内的力偶 M 时，将产生扭转变形，即杆件的横截面绕其轴相互转动（图 1–25）。

弯曲——当外力偶 M 或外力作用于杆件的纵向平面内时，杆件将发生弯曲变形，其轴线将变成曲线（图 1–26）。

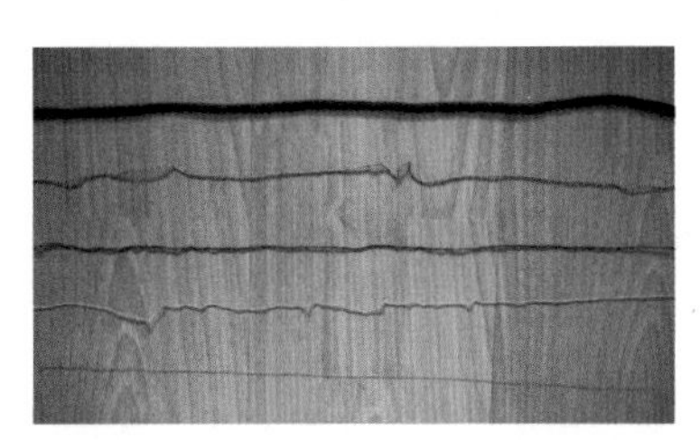

图 1–16　第一组——不同粗细的 5 条棉线

图 1–17　第二组——相同粗细，不同材质的线

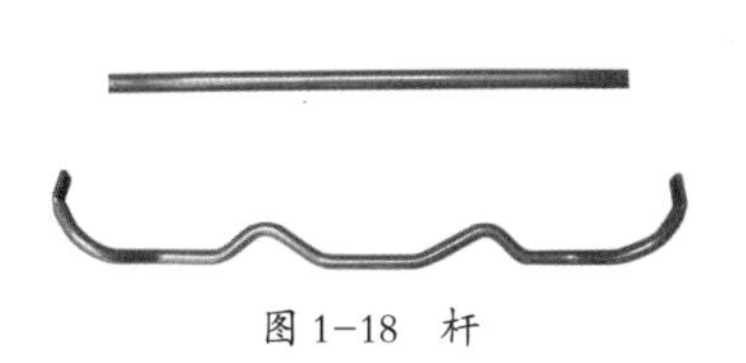

图 1–18　杆

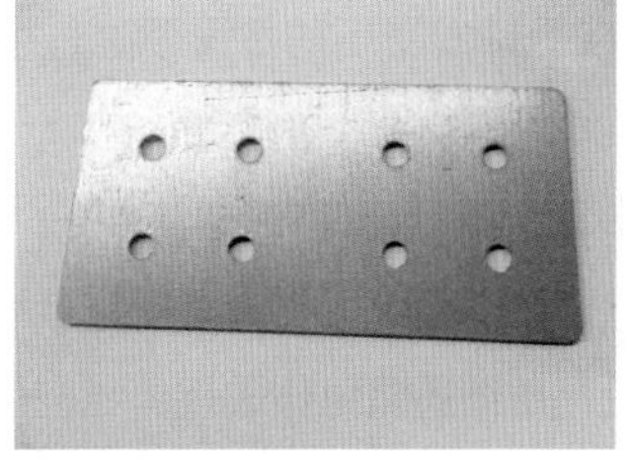

图 1–19　板

图 1–20　壳

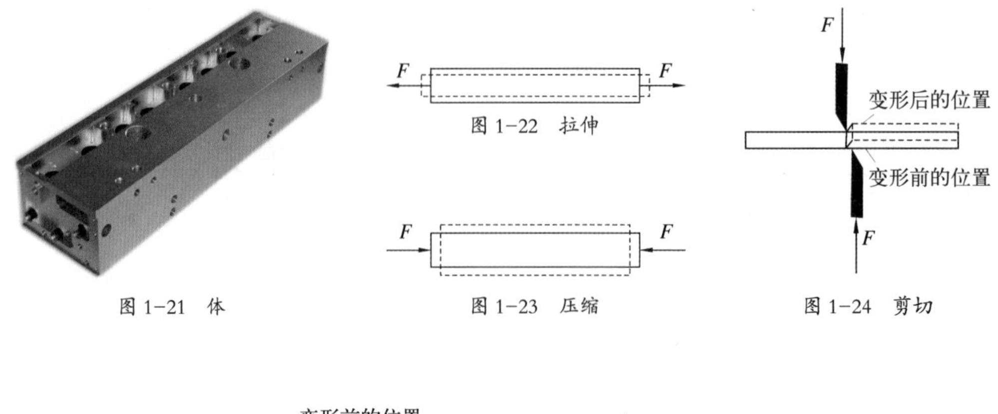

图 1-21 体

图 1-22 拉伸

图 1-23 压缩

图 1-24 剪切

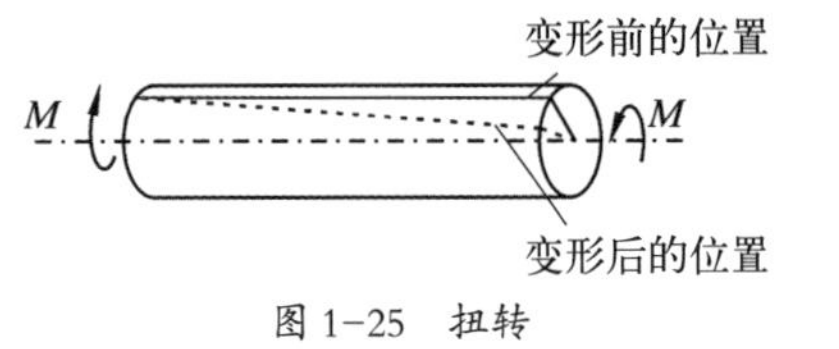

图 1-25 扭转

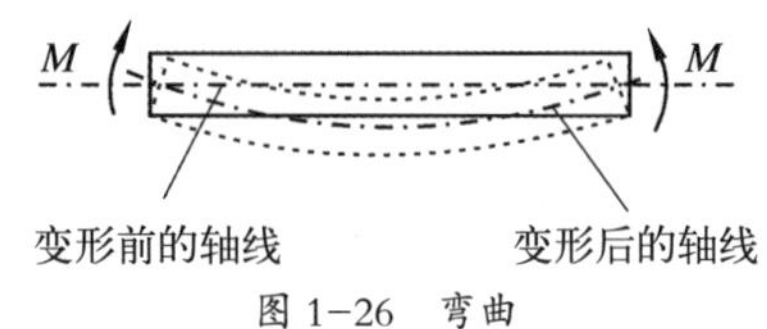

图 1-26 弯曲

4. 材料的力学性质

材料在外力作用下可以有破坏、变形过大、失去稳定等多种丧失工作能力的可能。与此对应的有强度、刚度、稳定性等研究材料抵抗外力、维持正常功能的能力，这些统称为材料的力学性质。

强度——构件或零部件在确定的外力作用下，不发生破裂或过量的塑性变形的能力，强度是衡量零件本身承载能力（即抵抗失效能力）的重要指标。主要有屈服强度、抗拉强度、抗压强度、抗弯强度、抗剪强度等，工程常用的是屈服强度和抗拉强度，这两个强度指标可通过拉伸试验测出。除此之外还有:疲劳强度（弯曲疲劳和接触疲劳等）、断裂强度、冲击强度、高温和低温强度、在腐蚀条件下的强度和蠕变、胶合强度等项目。

刚度——构件或零部件在确定的外力作用下，其弹性变形或位移不超过工程允许的范围的能力。

稳定性——构件或零部件在某种受力形式（例如轴向压力）下，其平衡形式不会发生突然转变的能力。

5. 在研究材料受力与变形之间关系时，必须要介入的一个数据是材料单位截面积上所受到的内力，即应力;另外一个数据为材料受内力的作用产生的形变量与原来尺寸的比值即应变。以弹性材料制成的杆件为例，在受拉或受压的情况下，应变随应力的变化可用一条曲线表示，如图 1–27 为低碳钢的拉伸与压缩时的应力 – 应变曲线。

在许多材料的应力 – 应变曲线中，和低碳钢一样都存在一段直线，称为弹性区域，过了直线段，有一斜率为零的特殊点，在此点即使应力不增加，应变也会增加，这种现象叫作屈服，对应的应力为屈服强度。在此点之前无论是压缩还是拉伸表现出相同的变化，但是在屈服以后，则表现出较大的差异。在压缩的过程中由于截面积不断增大，真实的应力很难达到材料的强度极限，因此不会断裂。而在被拉伸的过程中，随着应力的增加，应变迅速增加，一直持续到曲线上的最高点，此点对应的应力为材料的最大抗拉强度，从这个点开始出现颈缩现象，即使应力减小，应变也持续增加，直至曲线末端，材料断裂（图1–28）。

而对于脆性杆件来说，在承受拉力情况下，仅产生很小的变形即破裂。在承受压力的情况下，内部裂纹被闭合，因而不容易发生破裂，表现出比被拉伸时高得多的强度极限（图1–29）。

根据以上分析，不难看到，当材料发生屈服或断裂时都会使之丧失正常功能，这种现象称为失效。

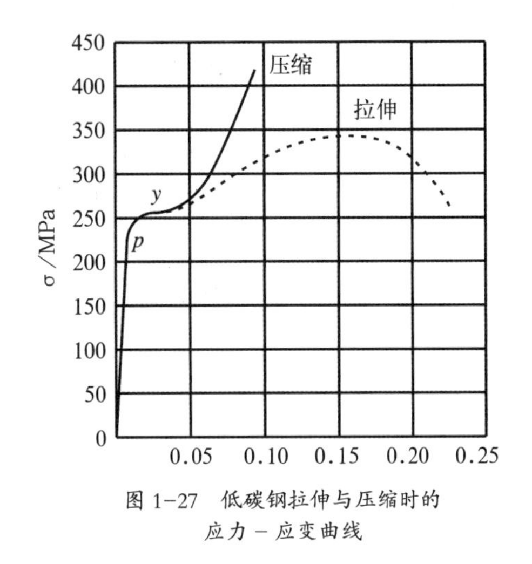

图 1–27　低碳钢拉伸与压缩时的应力 – 应变曲线

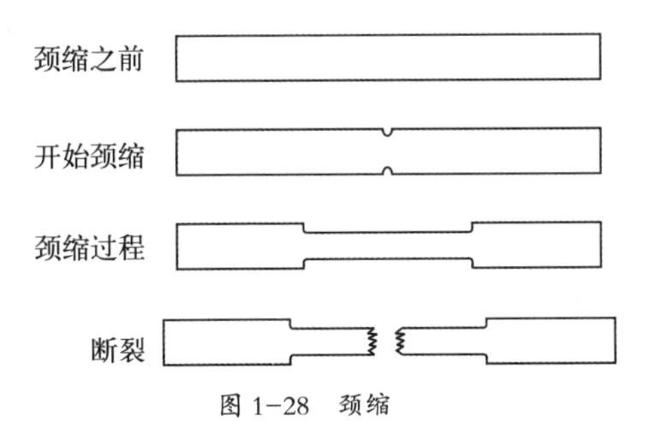

图 1–28　颈缩

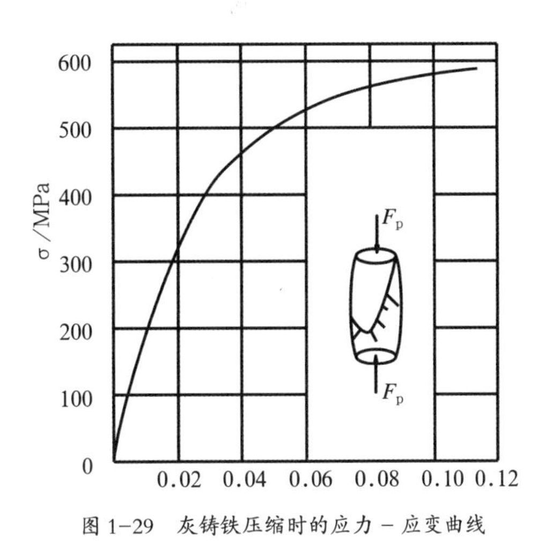

图 1–29　灰铸铁压缩时的应力 – 应变曲线

零件的失效不仅与材料的性能和强度有关，而且与材料所处的应力状态有关。设计者设计构件或元件时，要根据设计要求，选用相适用的材料品种和尺寸，或是对已有零件进行校核。

二、任务实施

1. 对第一组线绳施加拉力

将第一组线绳分发给各组，学生可以使用任何手段，将其拉断（图 1–30）。

结果发现，线绳越粗，所能够承受的拉力越大，越不易断裂。

2. 对第二组线绳施加拉力

将第二组线绳分发给各组，学生可以使用任何手段，将其拉断（图 1–31）。

结果发现，材质不同，所能承受的拉力不同，棉、麻能承受的拉力较小，而尼龙、铁丝、铝丝能承受较大的拉力。

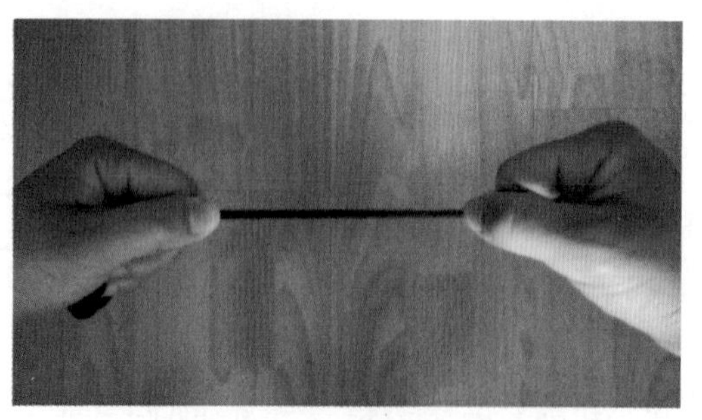

图 1-30 徒手拉伸

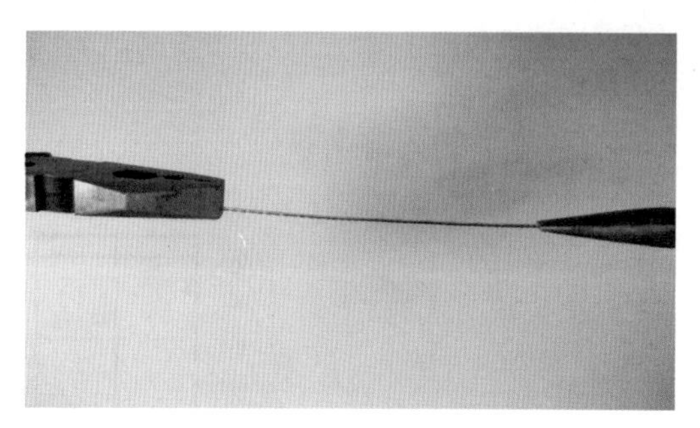

图 1-31 借助工具

3. 得出结论

材料的抗拉强度一方面与其截面积有关，截面积越大，抗拉强度越大；另一方面与其材料有关，即使截面积相同，金属、尼龙一类材料抗拉强度要优于棉、麻。在产品设计过程中，为了提高产品的强度，一方面可以增加直径、厚度等，另一方面可以换用强度更高的材料。

4. 扩展学习

优质碳素钢的力学性能（摘自 GB/T 699-2008）（表 1-1）。

灰口铸铁的力学性能参照 GB/T9439-2010。

球墨铸铁的力学性能参照 GB/T1348-2009。

低合金高强度结构钢的力学性能参照 GB/T1591-2008。

材料的强度值在工程中的重要应用主要包括两个方面：一为强度校核，即将零件实际承受的应力与材料的极限强度比较，若前者小于后者，则零件设计符合强度要求，反之则不符合强度要求，需要更换强度更高的材料或增加零件的尺寸；二是为零件尺寸设计提供依据，即在材料与实际承受应力已知的情况下，确定零件的尺寸。

优质碳素钢的力学性能　　　表 1–1

序号	牌号	试样毛坯尺寸（mm）	推荐热处理（°C）			力学性能				
			正火	淬火	回火	σ_b	σ_s	δ_5	ψ	A_{ku2}
						不小于				
1	08F	25	930			295	175	35	60	
2	10F	25	930			315	185	33	00	
3	15F	25	920			355	205	29	55	
4	08	25	930			325	195	33	60	
5	10	25	930			335	205	31	00	
6	15	25	920			375	225	27	55	
7	20	25	910			410	245	25	55	
8	25	25	900	870	600	450	275	23	50	71
9	30	25	880	860	600	490	295	21	50	63
10	35	25	870	850	600	530	315	20	45	55
11	40	25	860	840	600	570	335	19	45	47
12	45	25	850	840	600	600	355	16	40	39
13	50	25	830	830	600	630	375	14	40	31
14	55	25	820	820	600	645	380	13	35	
15	60	25	810			675	400	12	35	
16	65	25	810			695	410	10	30	
17	70	25	790			715	420	9	30	
18	75	试样		820	480	1080	880	7	30	
19	80	试样		820	480	1080	93（)	6	30	
20	85	试样		820	480	1130	980	6	30	
21	15Mn	25	920			410	245	26	55	
22	20Mn	25	910			450	275	24	50	
23	25M13	25	900	870	600	490	295	22	50	71
24	30Mn	25	880	860	600	540	315	20	45	63
25	35Mrl	25	870	850	600	560	335	18	45	55
26	40Mn	25	860	840	600	590	355	17	45	47
27	45Mrl	25	850	840	600	620	375	15	40	39
28	50M13	25	830	830	600	64S	390	13	40	31
29	60M13	25	810			695	410	11	35	
30	65Mn	25	830			735	430	9	30	
31	70M1	25	790			785	450	8	30	

三、任务小结

通过这个任务使学生了解内力的概念，材料力学的研究对象、研究内容、研究方法等相关知识，能够运用工具书查找相关数据。这个任务虽不涉及产品造型的设计，但是这个阶段的实践，使学生对材料力学的研究内容、材料强度设计的相关因素有一个基础、直观的认识，对于强度设计和强度校核有一定了解。

第二章　电与产品

【学习任务】

1. 手电筒的设计完善

2. 电水壶的设计完善

3. 音箱的设计完善

【任务目标】

学习直流电、交流电、电子学基础知识，光学、热学、声学基础知识，并能够运用这些知识对产品的工作原理进行分析。

【任务要求】

能够运用电、光、热、声等基础知识对创意设计产品的工作原理进行分析、查找资料、完善造型。

人类对于电的发现和研究可以追溯到公元前，时至今日电以其集中生产、分散使用、传输方便的优点成为人类日常生活中必备的能量形式，随着能源局势的日益紧张，环境保护的压力逐渐增大，电作为一种绿色的、清洁的能源，越来越体现出其优势，在未来世界中将会发挥更重要的作用，成为更加主要的能量形式。

产品设计所涉及的众多领域与电有着密不可分的关系，了解其功能、原理、安全、标准等方面的知识就成为能够更好地进行产品设计的必要知识储备。

电这种能量形式并不能直接为人类所用，在它的使用过程中，需要用导线将电源和用电元器件连接成一个通路，通过用电元器件将电能转化为光、热、机械、化学等其他我们所需要的能量形式或是传递信息。

第一节　电能转化为光能

如图 2–1 为一名同学设计的手电筒，请同学考虑电源、光源、导线、开关等元件的选择，包括修改或完善此设计的细节。

一、基础知识介绍

电能可以集中生产、分散使用，是一种清洁能源，在当今社会应用非常广泛，涉及工业、医用、家用、设备等众多领域。

图 2–1　手电筒效果图

（一）电的基础知识

1. 电路的组成和作用

根据不同的功能要求，可以对电路进行设计，通常电路的构成比较复杂，但基本构成有：电源、导线、用电器、开关。

电路的作用有两个，一是电能的传输和转化，二是信号的传递和处理。

2. 电流

电流（I）：电子的有规则的定向运动形成电流。

习惯上规定：正电荷的运动方向为电流的正方向，电流总是从电源正极流向负极。但是电流为标量。

有持续电流的条件：必须有电源和电路闭合。

电流强度：单位时间内通过导体某截面的电量 $I=Q/t$。

国际单位：安培（A）；常用：毫安（mA），微安（μA）。1 安培 =10^3 毫安 =10^6 微安。

3. 电压与电动势

电源：能提供持续电压的装置，是把其他形式的能转化为电能的装置。如干电池是把化学能转化为电能，发电机则是将机械能转化为电能。

电动势：电路中因其他形式的能量转换为电能所引起的电位差，叫作电动势，简称电势。用字母 E 表示，单位是伏特。

电压（U）：电压是使电路中形成电流的原因，电场力把单位正电荷从 a 点移动到 b 点所做的功，就是 a、b 两点间的电压或电位差。电源是提供电压的装置。

国际单位：伏特（V），常用：千伏（kV），毫伏（mV）。1 千伏 =10^3 伏 =10^6 毫伏。

4. 电阻与电阻率

电阻（R）：表示导体对电流的阻碍作用。导体对电流的阻碍作用越大，那么电阻就越大，而通过导体的电流就越小。反之，导体对电流的阻碍作用越小，那么电阻就越小，而通过导体的电流就越大。

国际单位：欧姆（Ω），常用：兆欧（MΩ），千欧（kΩ）；1 兆欧 =1000000 千欧；1 千欧 =1000 欧。

对于特定导体而言，在温度不变的情况下，电阻总是保持不变。若某物体的电阻为 R，若其横截面积为 S，长度为 L，则他们之间存在以下关系：$R=\rho L/S$。其中的比例常数 ρ 为该种材料的电阻率，对于特定材料而言是一个常量。它的单位为欧姆·米。根据电阻率的大小，可将物体可分为：导体、半导体和绝缘体。

电阻的连接有串联和并联两种形式（图 2–2、图 2–3）。

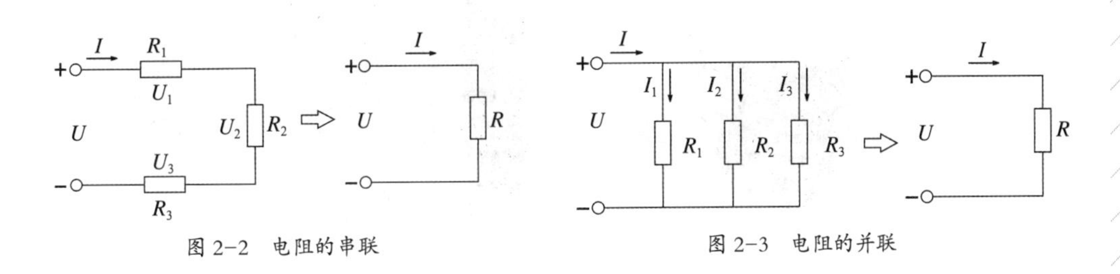

图 2–2　电阻的串联

图 2–3　电阻的并联

电阻的串联有以下几个特点：（指 R_1，R_2 串联，串得越多，电阻越大）

①电流：$I=I_1=I_2$（串联电路中各处的电流相等）

②电压：$U=U_1+U_2$（总电压等于各处电压之和）

③电阻：$R=R_1+R_2$（总电阻等于各电阻之和）如果 n 个等值电阻串联，则有 $R_{总}=nR$

④ 分压作用：计算 U_1，U_2 可用

⑤ 比例关系：电流 $I_1:I_2=1:1$（Q 是热量）

电阻的并联有以下几个特点：（指 R_1，R_2 并联，并得越多，电阻越小）

①电流：$I=I_1+I_2$（干路电流等于各支路电流之和）

②电压：$U=U_1=U_2$（干路电压等于各支路电压）

③电阻：$\frac{1}{R}=\frac{1}{R_1}+\frac{1}{R_2}$（总电阻的倒数等于各电阻的倒数和）如果 n 个等值电阻并联，则有 $R_{总}=R/n$

④分流作用：计算 I_1，I_2 可用

⑤比例关系：电压 $U_1:U_2=1:1$（Q 是热量）

5. 电功与电功率

电功（W）：电能转化成其他形式能的多少叫电功。

国际单位：焦耳，常用的还有度（千瓦时）。1 度 =1 千瓦时 $=3.6\times10^6$ 焦耳。

公式：$W=Pt=UIt$（式中 W、U、I 和 t 是在同一段电路，对应单位均为国际单位制单位）

电功率（P）：表示电流做功的快慢。

国际单位：瓦特（W），常用的还有千瓦（kW）。

公式：$P=UI$（式中 W、U、I 是在同一段电路，对应单位均为国际单位制单位）。

电器产品上经常会标出如图 2–4、图 2–5 所示的字样，此为电器的额定电压和额定功率。额定电压是指用电器正常工作的电压，额定功率是指电器在额定电压下工作时的功率。但是实际上，电器工作的电压无法总是和额定电压保持一致，称之为实际电压，对应的功率则为实际功率。

6. 直流电路的欧姆定律：

电路中两点间的电压 U 与流过两点间的电流 I 成正比，比例常数是两点间的电阻 R。

公式：$U=IR$（式中 U、I 和 R 是在同一段电路，对应单位均为国际单位制单位）。

图 2–4　电器产品标识 a

图 2–5　电器产品标识 b

欧姆定律的应用：

① 同一电阻的阻值不变，与电流和电压无关，通过该电阻的电流随两端电压增大而增大（$R=U/I$）。

② 当电阻两端电压不变时，电阻越大，则通过它的电流就越小（$I=U/R$）。

③ 当电流一定时，电阻越大，则电阻两端的电压就越大（$U=IR$）。

7. 电路的三种状态：

开路状态——开关打开，外电路开路，电阻等于无穷大，电路中的电流为零，电功率为零，即不消耗电源电能。

通路状态——开关闭合，电路接通，电流为 $I=U/(R+r)$，此时负载两端的电压为电源两端电压，电源输出的电流和功率的大小取决于负载的大小。

短路状态——由于某种原因电源两端被连接在一起时，电源短路。此时由于电源的内电阻非常小，故电路中的电流非常大，足以使电源或其他电器在很短的时间内被烧毁或损坏。短路是一种事故，应尽力避免。

（二）光的基础知识

光是一种电磁波，可见光在波长范围极广的电磁波中占极小的一部分，波长范围在380~780nm之间，从长到短是红——紫，另外还有红外线和紫外线（图2–6）。

1. 光源：自身能发出可见光的物体被称为光源。

常见光源如：太阳、白炽灯、节能灯、灯泡、显示屏、电视、手电筒、素描灯。

2. 光的传播:光在同一介质中是成直线传播的，如影子的形成、日食、月食、小孔成像等。

3. 光的反射：光在两种物质分界面上改变传播方向又返回原来物质中的现象，叫作光的反射。

反射定律：反射光线与入射光线在同一平面上，反射光线与入射光线分居在法线两侧，反射角等于入射角。

发生反射的条件：两种介质的交界处。

发生处：入射点

结果：返回原介质中

反射角随入射角增大而增大，减小而减小，当入射角为0°时，反射角也为0°（图2–7）。

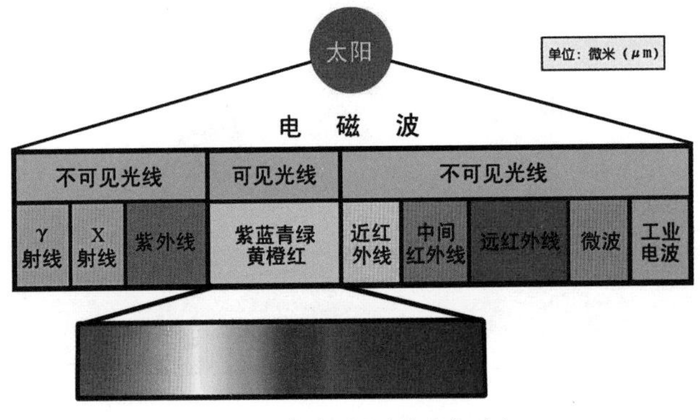

图2–6　光是不同波长的电磁波

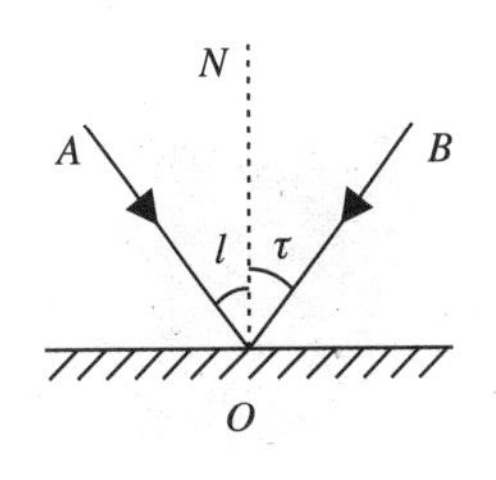

图2–7　光的反射

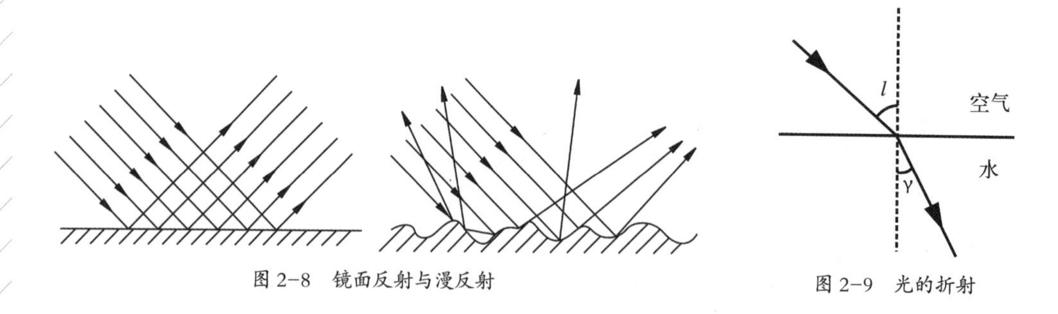

图 2-8 镜面反射与漫反射

图 2-9 光的折射

镜面反射：平行光线射到光滑表面上时反射光线也是平行的，这种反射叫作镜面反射。

漫反射：平行光线射到凹凸不平的表面上，反射光线射向各个方向，这种反射叫作漫反射（图 2-8）。

4. 光的折射：光从一种透明均匀物质斜射到另一种透明物质中时，传播方向发生改变的现象叫作光的折射。

折射定律：光从光疏介质射入光密介质时，折射光线与入射光线、法线在同一平面上，入射光线和折射光线分居法线两侧，折射角小于入射角，当光线垂直射向介质表面时，传播方向不变（图 2-9）。

光的折射率计算公式：$n=\sin\theta_1/\sin\theta_2=c/v$

5. 光通量：单位时间内光的总量。类似于每分钟流过的水量（用 F 或 ϕ 表示，单位：流明，符号：lm）。

通常，光源的光通量会在光源的包装上标出。如图 2-10，该节能灯的光通量为 450lm。

6. 发光强度：指发光体在特定单位立体角内发出的光通量，用符号 I 表示，单位是坎得拉，符号 cd。

立体角单位是球面度，其定点位于球心，一球面度立体角在球面上所截取的面积等于以球的半径为边长的正方形面积（图 2-11）。

7. 照度：投射在物体表面上的光通量的密度。用符号 E 表示，单位 lm/m^2，又称勒克斯 lx。该单位衡量的是被照面被照射的程度。在实际工作中，可用光源光通量除以照射面积计算出平均照度，参照光源照度参数也可以知道距离光源特定距离照射面上的照度值，某光源的照度参数如图 2-12、图 2-13 所示，如果需要准确知道某点的照度需要用照度仪来测定。

图 2-10 节能灯的能量标识

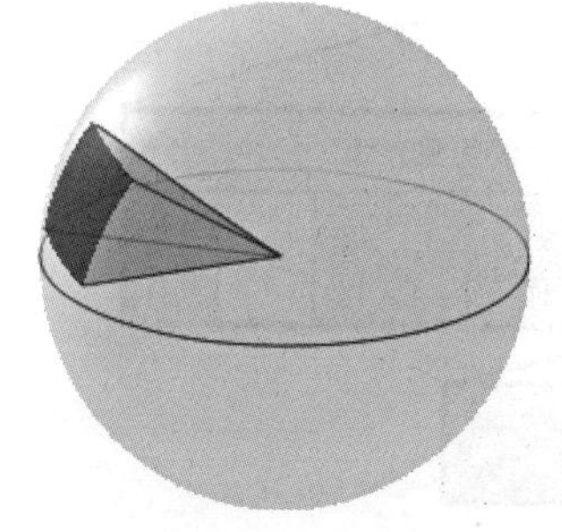

图 2-11 立体角

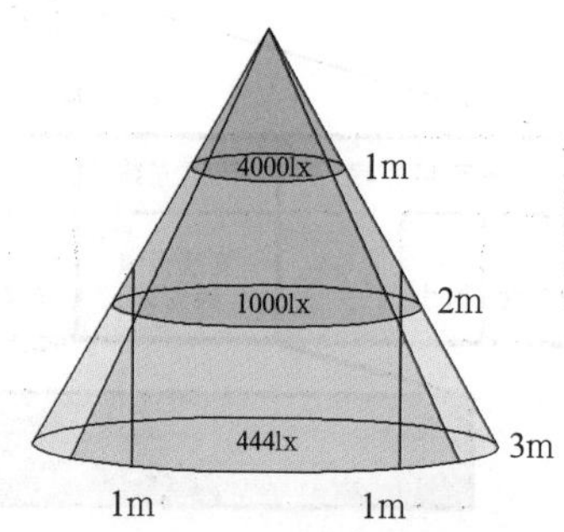

图 2-12 某光源照度参数

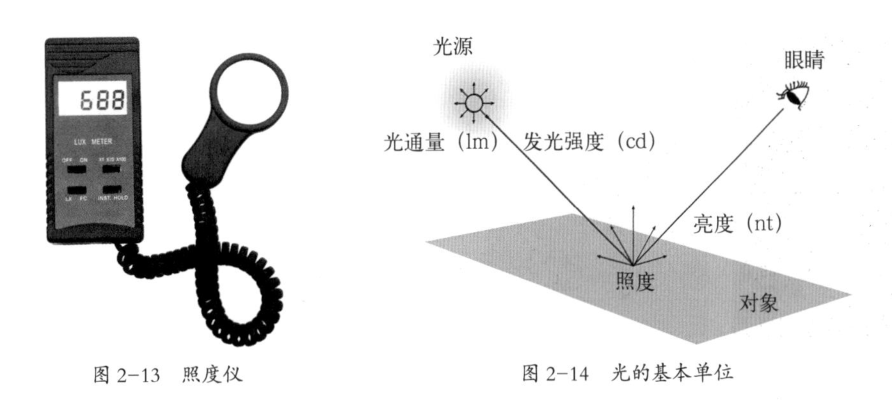

图 2-13　照度仪　　图 2-14　光的基本单位

在你设计工作中，应根据工作、生产的特点和作业对视觉的要求确定照度。确定照度的依据：

（1）识别对象的大小，即作业的精细程度；

（2）对比度，即识别对象的亮度和所在背景亮度之差异，两者亮度之差越小，则对比度越小，就越难看清楚，因此需要更高照度；

（3）其他因素：视觉的连续性（长时间观看），识别速度，识别目标处于静止或运动状态，视距大小，视看者的年龄等。

8. 亮度：物体单位面积向视线方向发出的发光强度。用 L 表示，单位烛光 /m^2，又称尼特 nt（图 2-14）。

二、实施过程

任务中的图为创意草图与简要的设计说明，为了实现这一创意，我们需要对上图进行进一步的细化，论证它的可行性，然后才有可能实现此创意到产品的转换。

图中所示根据理解，为一个便携式的照明装置。照明是它的基本功能，便携是它区别于其他产品的一个重要特征，而可以稳定的放置和方便的人机设计是它区别于其他创意方案的标志性特征。

在方案的细化过程中，以上三个方面的特征要一一实现，并且要根据必要的技术信息和数据对创意草图中的造型进行必要的修改和完善。

首先，它的基本功能是照明，照明离不开光源，人类自古至今使用过的光源有：自然光源（日光、星光）和人造光源。火、油灯、酒精灯、蜡烛、瓦斯灯等都是利用火为光源的照明工具，而现代应用最普遍的人造光源是种类丰富的电力照明装置，比如：白炽灯、钠灯、荧光灯等（图 2-15~ 图 2-21）。

显然选用自然光源和以火为光源的照明方式在此创意中并不合适。

电光源相对来说是比较合理的选择，然而电光源种类众多，发光原理多样、形状多种、光色各不相同。光源的选择主要考虑的因素是体积、额定电压，其次还有寿命、价格、使用的广泛性等。

从效果图上可以看出设计者最初考虑的是 LED，LED 光源体积较小，适合作为移动光源

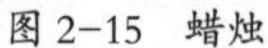

图 2-15　蜡烛

图 2-16　油灯

图 2-17　白炽灯

图 2-18　钠灯

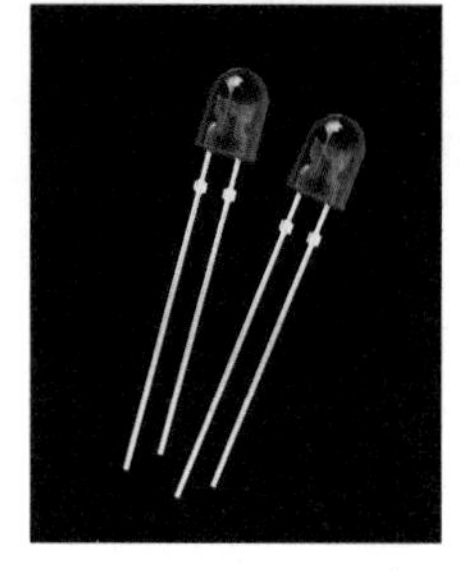

图 2-19　LED 灯珠

图 2-20　LED 灯

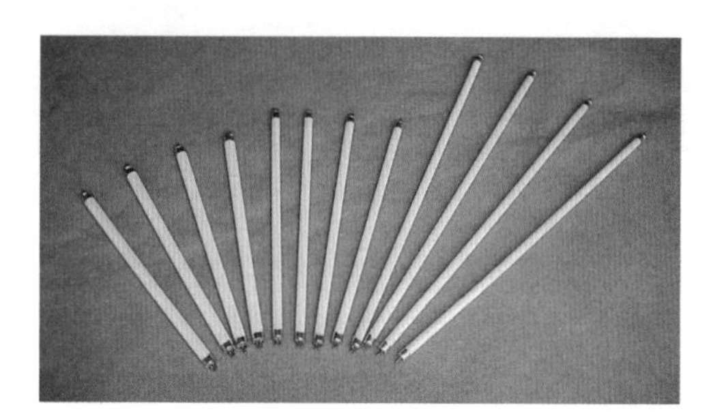

图 2-21　荧光灯管

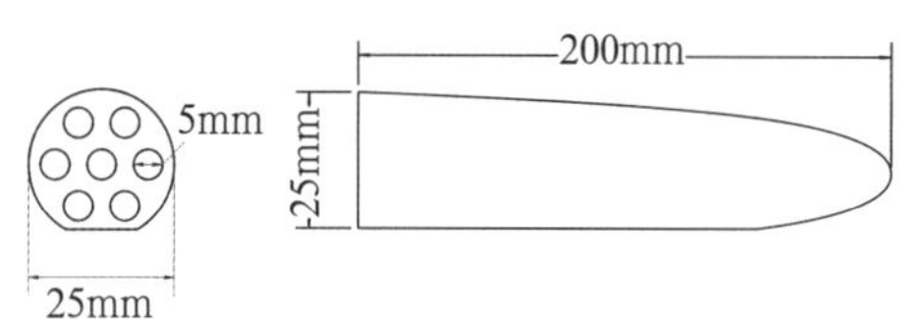

图 2-22　手电筒尺寸分析

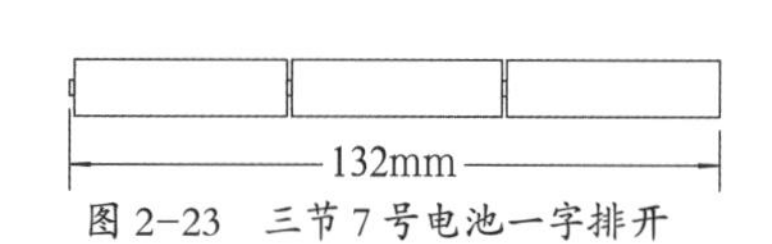

图 2-23　三节 7 号电池一字排开

图 2-24　电池一字排的效果

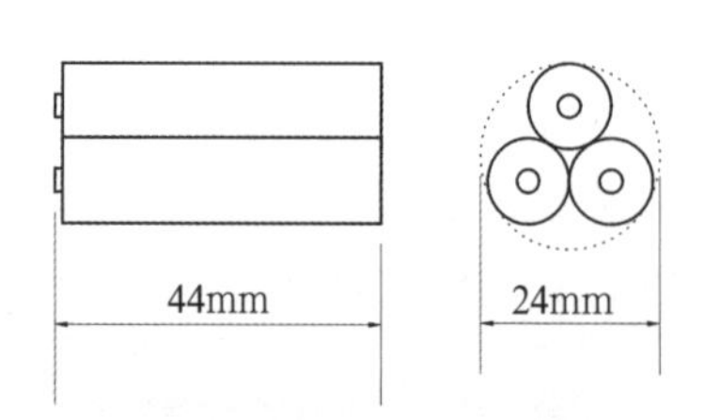

图 2-25　三节 7 号电池环形排开

使用，一般额定电压为 4.5V，三节一般的干电池或纽扣电池就可以提供，而且具有较小的体积，适合作为便携装备的电源。

LED 灯珠常用的尺寸为 5mm，以此来反推，此手电筒光源端的直径大约为 25mm，长度大约为 100mm（图 2-22）。

7 号电池直径为 11mm，长度为 44mm，三节 7 号电池如一字排开串联，如图 2-23 所示，则长度为 132mm，再加上光源的厚度等因素，则手电筒的长度将远大于 100mm（图 2-24）；若将三节电池排列成环形，如图 2-25 所示，长度虽然大大缩短，但是三节电池组成的环形直径最小为 22mm 左右，再加上连接结构及手电筒壁厚，直径将接近 3cm 左右，而手电筒的造型为一端粗一端细，电池位于造型中段，所以如若选用这种方式，那么最终造型要比效果图上造型直径更大一些（图 2-26）。

纽扣电池体积相对于干电池来说要小

图 2-26 电池环状排的效果

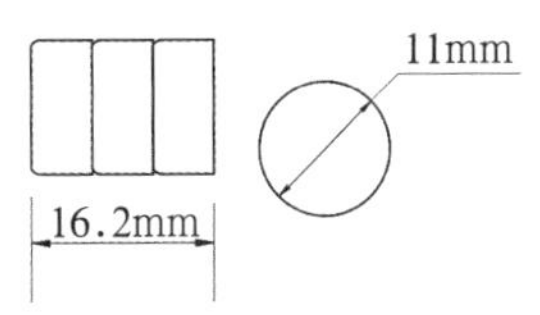

图 2-27 纽扣电池

图 2-28 使用纽扣电池的手电筒

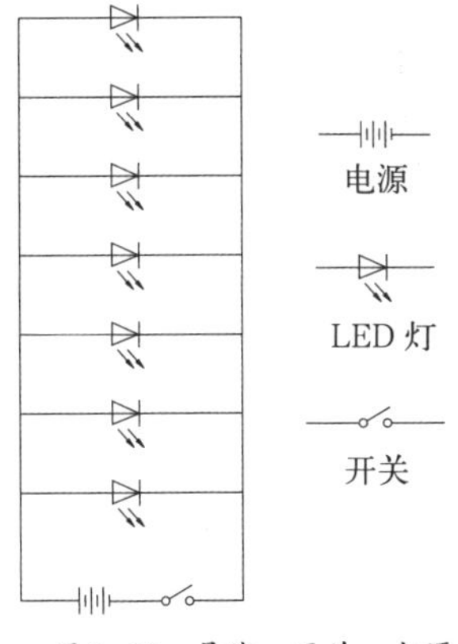

图 2-29 导线、开关、电源组成闭合回路

图 2-30 船型开关

图 2-31 按键开关

得多，可以选择相对大些的，因为容量也会随之增大。若选择直径为 11.6mm，厚度为 5.4mm 的，那么电源总的体积最小为直径 11.6mm，厚度为 16.2mm。手电筒的直径和长度远远大于电源的体积，不便于电源的安放。所以如果要选择这种电源，那么手电的造型就要缩小许多，LED 灯珠的数量也要相应减小（图 2-27、图 2-28）。

将三种修改方案比较，发现第三种方案从造型上更接近原作造型。

最后一个问题，有了光源，需要与电源用导线连接组成闭合回路才能工作，同时需要有开关来控制电路（图 2-29）。

导线的问题容易解决，只要隐藏在外壳与电池之间即可，而开关因为需要在造型表面有所体现，所以选择合适的开关很重要。常用的开关有：船型开关、波动开关、按键开关、轻触开关等（图 2-30~ 图 2-33）。

从这些开关中可以看出船型开关需要直

图 2-32 波动开关

图 2-33 轻触开关

接体现在外观上，其他三种开关在外观上体现时，可以外罩跟造型风格相统一的外壳，轻触开关甚至可以利用外壳材料的弹性隐藏在造型内部。

就此手电筒的造型设计而言，轻触开关是最好的选择，结合造型的选择，最终设计效果图如图 2–34 所示。

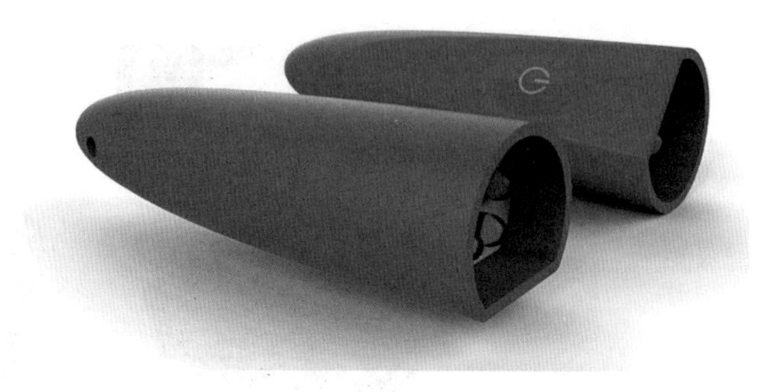

图 2–34 手电最终效果图

三、任务小结

通过这个任务使学生了解直流电的电流、电压、电阻与电阻率、电功与电功率、欧姆定律等基本术语和规律，了解电路连接的基础知识，了解光学的基础知识及术语。掌握最简单的控制电路的要素，能够根据设计需要绘制原理电路图，并能根据前面所绘原理电路图，为产品设计选择合适的元器件，理解照明设计的基本方法。告诉学生产品造型并不是空中楼阁，而是需要考虑很多技术问题，否则在方案的细化过程中造型的改动会非常大。只有理解了产品的工作原理和相关固定参数，才能设计出真正适用的产品，才能以此为基础做有创意、有价值的设计。

第二节 电能转化为热能

如图 2–35 为一名同学设计的电水壶，请同学结合工作原理来考虑这个设计的合理性，完善设计的细节。

图 2–35 电水壶设计方案

一、基础知识介绍

1. 交流电与直流电

交流电的电动势随时间变化而规律性变化，用 AC 表示。生产上和日常生活中使用的交流电绝大多数是正弦交流电（图 2–36）。

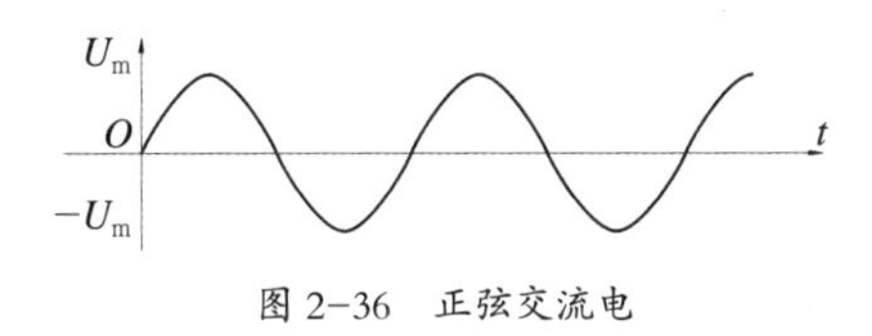

图 2–36　正弦交流电

直流电的电动势的方向和时间不随时间的变化而变化，用 DC 表示。各种电池都是提供直流电的电源（图 2–37）。

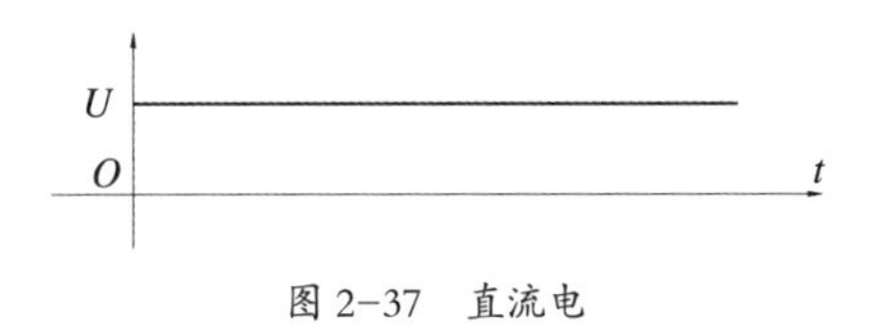

图 2–37　直流电

2. 交流电的频率和周期

我国和世界上绝大多数国家使用的电网都是频率是 50Hz 的正弦交流电。

频率（f）：单位时间内交流电变化的次数。其是表示交流电随时间变化快慢的物理量。

国际单位：赫兹（Hz），常用的还有千赫（kHz）和兆赫（MHz）。

周期（T）：交流电变化一次所需要的时间，是另外一个表示交流电随时间变化快慢的物理量。

国际单位：秒（s）。常用的还有分钟（min），小时（h）。

频率和周期之间互为倒数：$T=1/f$

3. 交流电的幅值和有效值

交流电路中，电动势会随时间变化而变化，对于瞬时值的研究并不能反映交流电的实际效果，所以在电工技术中通常用交流电的有效值表示交流电的强弱。

交流电的有效值是根据电流的热效应来测定的，通过理论计算，正弦交流电的有效值是最大值的$\sqrt{2}/2$。

即：$I=I_m/\sqrt{2}$，$U=U_m/\sqrt{2}$。

4. 安全用电

电流如果通过人体，电流的热效应、化学效应等会对人体产生伤害或是破坏人的心脏、呼吸系统与神经系统的功能，甚至危及人的生命。为了人身安全，国家对于用电的安全可靠性做出了一系列的规定。

安全用电的一般性原则有：

①合理选择导线种类和截面，导线不允许超荷使用，严禁私拉乱接电线。

②电表、熔断器、开关、灯座、插头等用电器应有足够的容量，不允许私自换用大容量熔断丝，更不允许用铜丝代替熔断丝，用橡皮胶代替电工绝缘胶布。

③不用湿手扳开关，插入或拔出插头，特殊环境应按规定选用相适用的电器品种。

④应定期检查电器绝缘状况，安装、检修电器应穿绝缘鞋，站在绝缘体上，且要切断电源。

⑤在线路中按规定装配漏电装置，并定期检验其灵敏度。

⑥按规定接零与接地。

二、实施过程

1. 电水壶的工作原理

电水壶是将电能转化为热能并且传递给水的装置。基本的元件是加热元件、温控开关，另外还有其他一些安全装置如过干烧保护器等，并用导线加以连接来实现其功能。通常电水壶的主体造型是水的容器，底盘部分主要是加热元件、干烧保护器、指示灯等电器元件，底座主要是连接电源的装置，控制部分在手柄上，这些结构中一个关键元件是能够实现水开自动断电的蒸汽开关。

电水壶的结构如图 2–38 所示：

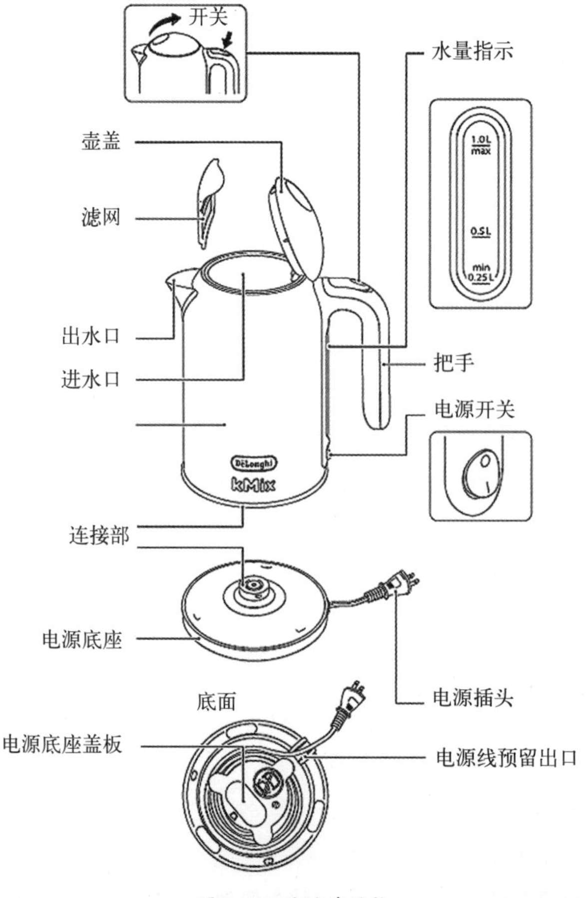

图 2–38 电水壶结构

电水壶自动断电的原理是利用水沸腾时产生的水蒸气使蒸气感温元件的双金属片变形，并利用变形通过杠杆原理推动电源开关，从而使其在水烧开后自动断电。蒸汽开关需要设置在水位面以上，水蒸气能够到达的位置上。本设计的温控开关应设计在手柄的上半部分内部，复位按钮也在相应位置外露。另一个问题就是壶身是一体的，加热元件、干烧保护器、指示灯等电器元件怎样安装进去呢？这两个问题在造型上都要有所体现。所以造型完善后如图 2-39：

在这个改动过程中壶身分成了两部分，上部仍然为不锈钢材质，底盖为塑料材质，可以将加热元件、干烧保护器、指示灯等电器元件等安装进去。防烫手柄右侧厚度增加用于安装蒸汽开关。

2. 因为电水壶一般用于办公环境或家居环境，将电能转化热能的速度和量都比较大，选择 220V 的交流电就成为了必然选择，那么在造型设计上就要考虑到外接电线及插头。体现在造型上如图 2-40：

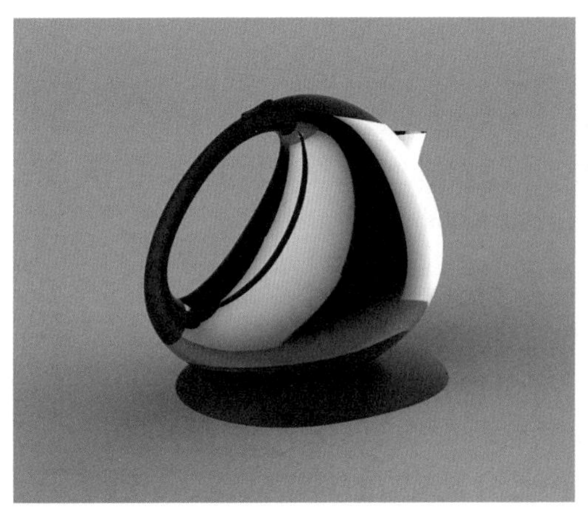

图 2-39　完善后的电水壶方案

图 2-40　完善了电线及插头的电水壶方案

电线及插头的加入增强了设计创意的完整性。

3. 家居或办公环境当中每次需要加热的水量较小，一般为 1~2L，电水壶的容积过小，使用者一次用水则需多次操作；如果容积过大，会造成能源浪费。此电水壶造型由球体变化而来，主要盛水部分约为球容积的 1/4~1/3，所以按照容量的要求最大直径为 19.7~22.54cm 之间能够满足容量为 1~2L 的需求。此水壶的注水口较小，为了方便观察水位，在造型上应有相应的结构。

蓝色透明部分可以直观地查看水位，并标识最高水位线，透明部分两侧的装饰性黑色塑料材质，同时可以容纳导线，将蒸汽开关和底部的加热元件、干烧保护器、指示灯等连接在一起（图 2-41）。

图 2-41 电水壶最终方案

三、**任务小结**

通过此任务学生学习了交流电的频率、周期、幅值和有效值等基本术语和规律，了解热学的基本知识及术语。理解了电热产品的工作原理。培养学生解决设计中的电及热的问题的能力。一个好的设计方案的合理性是有待利用工学知识检验并完善的。

第三节 电信号转化为声音信号

如图 2-42 为一名同学设计的音箱，请同学利用电的相关知识来完善这个设计方案。

图 2-42 概念音箱设计方案

一、基础知识介绍

（一）电子学基础知识

1. 常用的电子元件

电阻器——是一个限流元件，将电阻接在电路中后，可限制通过它所连支路的电流大小，让电路上的电压按照比例分开（图 2-43、图 2-44）。

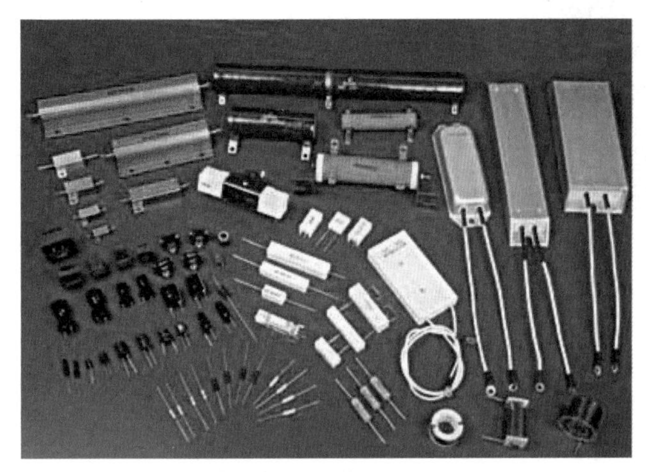

图 2-43　电阻器

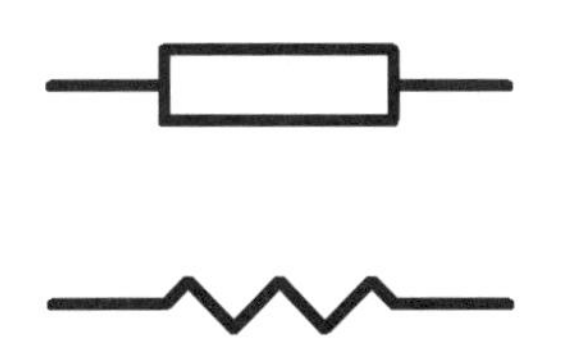

图 2-44　电阻符号

电容器——是两金属板之间存在绝缘介质的一种电路元件，当被至于电场中时能够存储电荷，且在需要时释放出电荷。测量单位是法拉（F），常用的还有微法（μF）和皮法（pF）（图 2-45、图 2-46）。

图 2-45　电容器

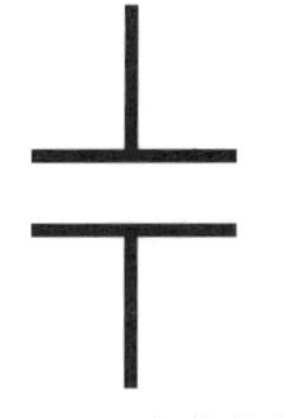

图 2-46　电容符号

图 2-47 电感器

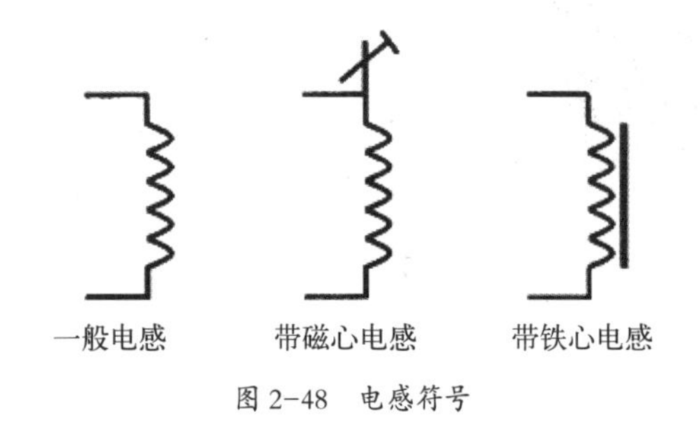

图 2-48 电感符号

图 2-49 二极管

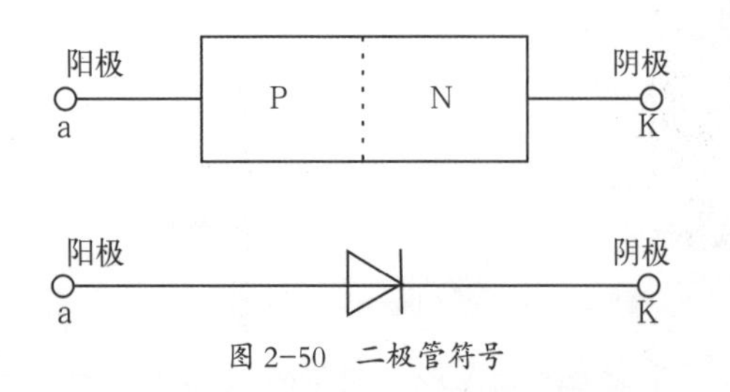

图 2-50 二极管符号

电感器——是能够把电能转化为磁能而存储起来的元件。它只阻止电流的变化。如果电感器中没有电流通过，则它阻止电流流过它；如果有电流流过它，则电路断开时它将试图维持电流不变。测量单位是亨利（H，简称亨），常用的单位还有毫亨（mH）和微亨（μH）（图 2-47、图 2-48）。

二极管——特点在于只能让电流单方向流动，用于整理电流，又称晶体二极管（图 2-49、图 2-50）。

三极管——是一种电流控制电流的半导体器件，可用来对微弱信号进行放大和作无触点开关。又称晶体三极管、晶体管（图 2-51、图 2-52）。

继电器——是一种电子控制器件，它具有控制系统和被控制系统，通常应用于自动控制电路中，它实际上是用较小的电流去控制较大电流的一种“自动开关”。故在电路中起着自动调节、安全保护、转换电路等作用（图 2-53、图 2-54）。

集成电路——把一个电路中所需的晶体管、二极管、电阻、电容和电感等元件及布线互连一起，制作在一小块或几小块半导体晶片或介质基片上，然后封装在一个管壳内，成为具有所需电路功能的微型结构（图 2-55）。

2. 声音信号与电信号的相互转换

在声音转换为电信号的过程中，元件中的介质通过声波产生形变，导致电阻改变从而产生变化的电信号。这种装置是传声器，也称话筒、麦克风、拾音器，如图 2-56 所示。在电信号转化为声音的过程中，被放大的电信号经过扬声器的线圈时会产生变化的磁场，这个磁场

图 2-51　三极管

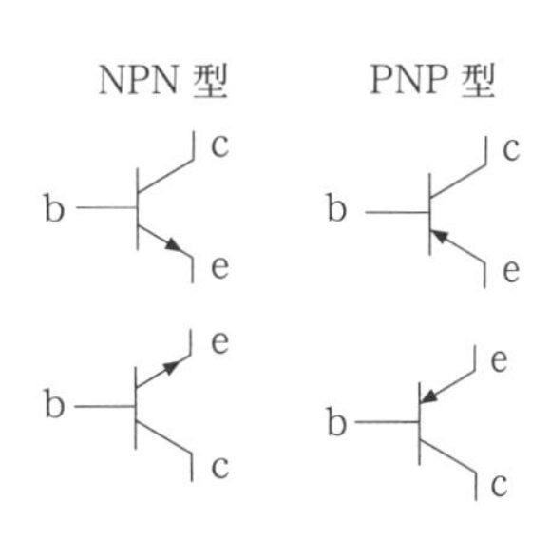

图 2-52　三极管符号

图 2-53　继电器

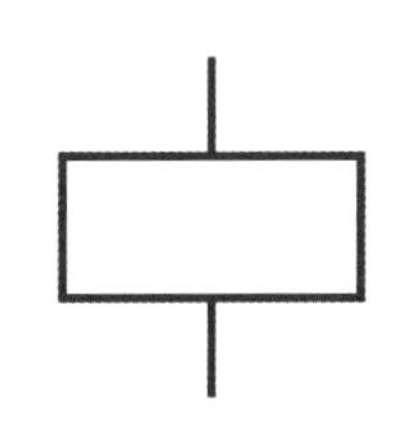

图 2-54　继电器符号

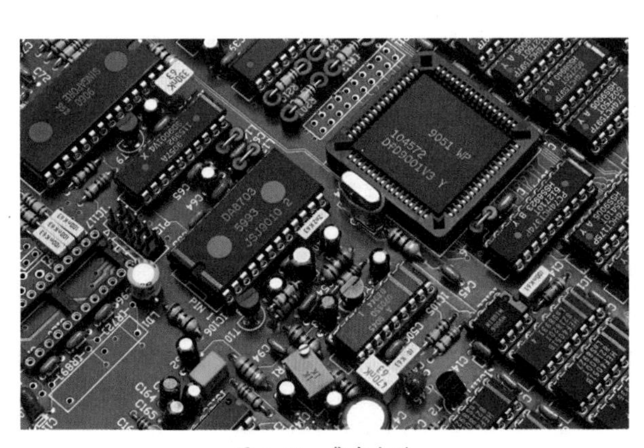

图 2-55　集成电路

图 2-56　麦克风

图 2-57　扬声器

与永久磁体的磁场相互作用而带动线圈振动，与线圈相连的纸盆也跟着振动，于是就发出声音。这种装置是扬声器，又称喇叭（图 2-57），同理电信号和其他形式的信号也可以相互转化。

3. 电子产品开发的流程

电路板的设计依次要进行原理图设计、版图设计、电路板制作、调试、测量等步骤（图 2-58）。

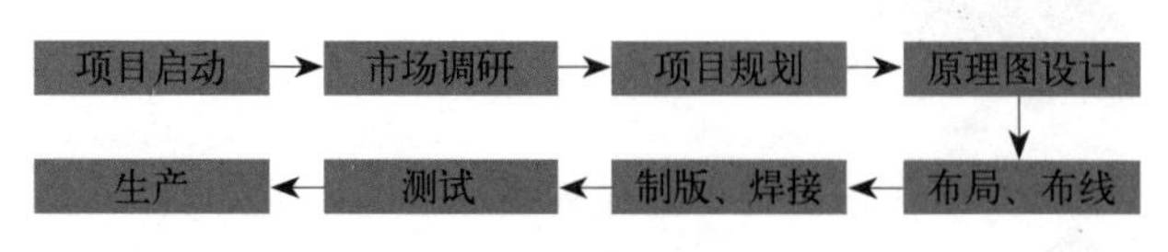

图 2-58　电子产品开发流程

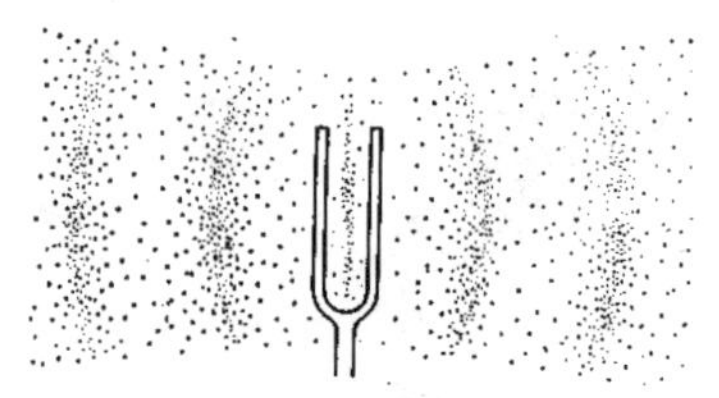
图 2-59　声音的产生及传播

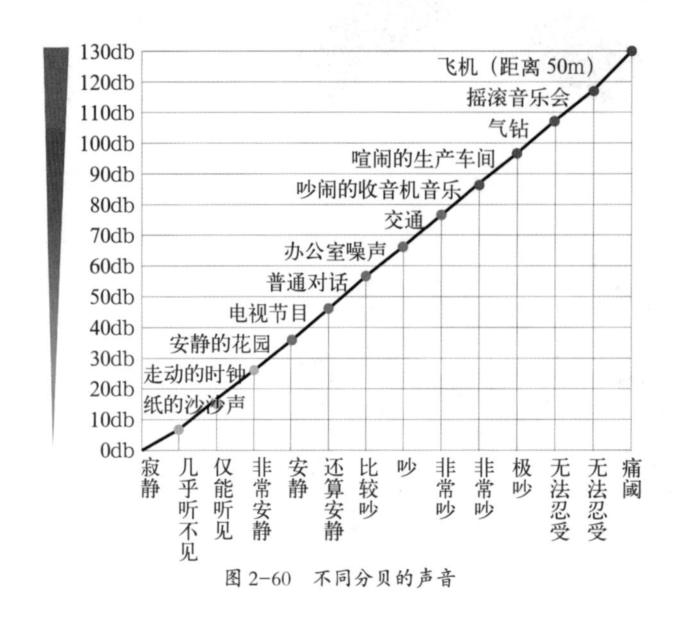

图 2-60　不同分贝的声音

（二）声的基础知识

1. 声音的产生：物体的振动产生声音。

2. 声音的传播：以波的形式在介质中传播（图 2-59）。

3. 声音的频率：声波每秒的振动次数称为频率，频率在 20~20kHz 之间称为声波；频率大于 20kHz 称为超声波；频率小于 20Hz 称为次声波。

在语音范围中，通常把 1000Hz 以上的区域称为高频区，500 ~1000Hz 的区域称为中频区，低于 500Hz 的区域称为低频区。

4. 声音的强度：我们知道由于空气分子本身固有的不规则运动及相互排斥会形成一个静态的压力，这个压力就是我们所熟知的大气压。前面我们讲过，声音是空气分子的振动，振动的空气分子对它通过的截面就会产生额外的压力，这种额外的压力我们就称之为声压。声压比之大气压要小得多得多，所以物理学家引入了声压级（spl）来描述声音的大小：我们把一很小的声压 $P_0=2\times10^{-5}$Pa 作为参考声压，把所要测量的声压 P 与参考声压 P_0 的比值取常用对数后乘以 20 得到的数值称为声压级，声压级是听力学中最重要的参数之一，单位是分贝（db）（图 2-60）。

5. 噪声

1）噪声的定义：

从主观需要的角度来讲：所有不希望存在的声音都可称之为噪声。从物理分析的角度来看：一切不规则的或随机的声信号都可称之为噪声。

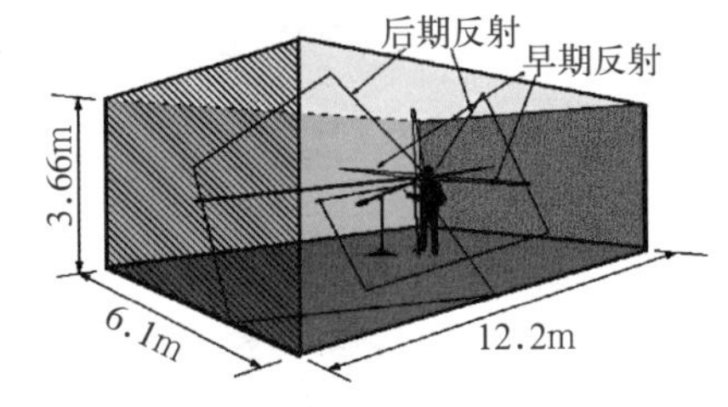

图 2-61　声音的混响

图 2-62　音箱

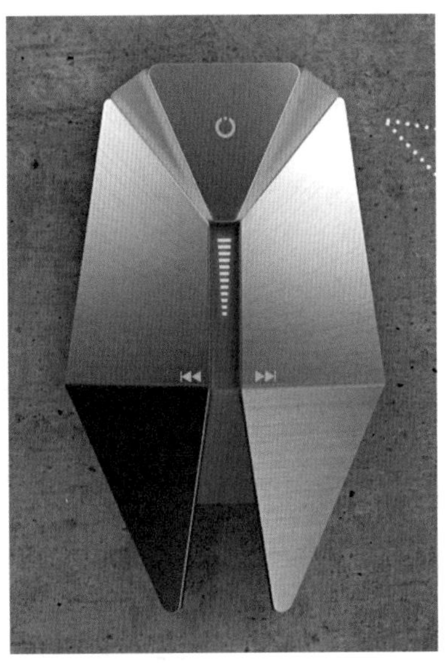
图 2-63　共振音箱

2）信噪比

在测量环境中信号与噪声的声压级之差为信噪比，单位是分贝。信噪比的大小对是否能听清你想听的信息很重要。

6. 声波在室内传播时，会被墙壁、顶棚、地板等障碍物反射，每反射一次都要被障碍物吸收一些。这样，当声源停止发声后，声波在室内要经过多次反射和吸收，最后才消失，我们就感觉到声源停止发声后声音还继续一段时间。这种现象叫作混响，这段时间叫作混响时间。混响时间的长短是音乐厅、剧院、礼堂等建筑物的重要声学特性（图 2-61）。

二、实施过程

1. 与音箱造型有关的一个重要因素就是音箱的种类，是传统音箱还是共振音箱。

传统音箱采用的是通过电磁感应引起纸膜或纸盆的振动，然后通过空气介质传播声音（图 2-62）。具有很强的方向性，距离的远近、空间的大小，人所处的方位等都会影响听觉效果。

共振音箱采用的是超磁致伸缩材料，这种材料能够在常温和较低磁环境下具有较高的伸缩效应，而通过铜线圈的电磁感应，将电信号转换称为相应的机械振动，这种振动附着在木头或者玻璃桌面上就能共振，从而发声，无需箱体（图 2-63）。

从本设计造型上看，应属于传统音箱。

2. 音箱的发声元件的选择

将电信号转换为声音的器件是音箱功能实现中最核心的单元，有扬声器，耳机、蜂鸣器、电磁讯响器等。

在音箱这种产品中比较适合的是扬声器，扬声器按照造型不同可以分为电动式扬声器、球顶式扬声器、号筒式扬声器，如图 2-64 所示。

比较适合本设计的是电动式扬声器，这大概也是人们对于音箱特征的根深蒂固的认识。

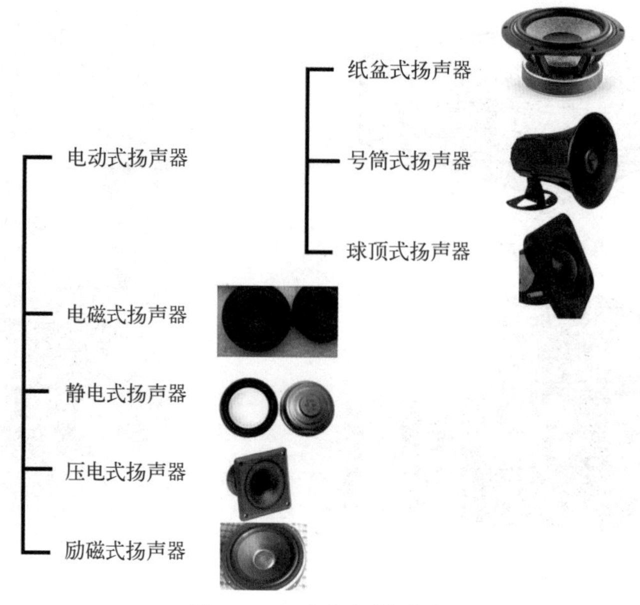

图 2-64 不同类别的扬声器

3. 将扬声器放置到箱体中就构成了一个基本的音箱，无源的全频带音箱采用的就是这种方式。为了使音箱具有好的音色，所以很多音箱采用双分频设计，即音箱同时使用了高音和低音扬声器。这就需要利用电容、电感等元器件的频率阻断特性，设计了滤波器，对信号进行处理，这种装置被称为分频器。分频器作用就是将信号分开后分别交由两个（或多个）扬声器同时发出，让它们更好的工作。此次任务中的音箱就属于这种，中间的一个为低音扬声器、左右两侧为高音扬声器。

箱体的结构和使用的材料都会对声音构成直接性的影响。常用的结构如图 2-65：

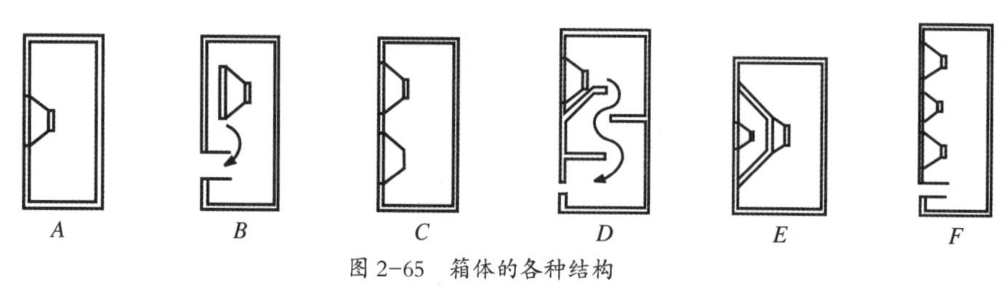

图 2-65 箱体的各种结构

A 密封式音箱结构；B 倒相式音箱；C 空纸盆式音箱；D 迷宫式音箱；E 哑铃式音箱；F 对称驱动式音箱

任务中的音箱低音部分的造型比较符合迷宫式音箱的结构，低频效果更好，而密封式音箱、空纸盆式音箱和哑铃式音箱三种结构都符合左右两侧音箱的造型。

箱体的材料宜比较厚实、坚固，不能够因发声单元的振动而振动，产生不良的谐振。

三、任务小结

通过这个任务的实施，学生了解到电传输、处理、转换的信号作用。能够理解如何根据产品的工作原理来判断造型是否合理。在这个过程中培养学生逻辑思维的能力和探索精神。

第三章　金属及加工工艺

【学习任务】

1. 编写金属材料调研表格
2. “长城”烛台造型分析
3. 便签架造型分析

【任务目标】

学习金属材料的分类、性能、用途、成型工艺等知识，并运用到产品设计中去。

【任务要求】

能够积累一定量的金属材料知识，并了解金属材料的成型工艺，且运用到产品造型设计中去。

金属指的是金属元素组成的单质，从化学元素的角度上来说，金属与非金属的分界线并不是非常清晰，中间有一条类金属。一般来说金属是具有金属光泽、传热导电、有良好的延展性的一类物质。绝大部分在常温下是固体，在人们的认识当中一般强度、硬度、韧性较好，是一类重要的造型材料。

但是实际上人类用作造型材料或结构材料的金属绝大多说并不是纯金属，而是合金。合金是一种金属元素与其他金属元素或非金属元素熔合而成的具有金属特性的物质。与纯金属相比合金的力学性能更加优异，硬度增加、熔点降低、传热导电的能力降低，同时也有可能获得一些特殊的性能，如：耐腐蚀性、耐磨性等。

虽然金属元素众多，占据了元素周期表的大部分，但是实际上能够有效地用作造型材料使用的金属介于多方面的原因还是非常有限的。最常用做造型和结构的金属有铁、铝、铜三种，另外还有一些金属具有很大的开发潜力比如：钛、镁等，还有一些经常用作辅助性的材料的金属如：锌、锡等。

第一节　认识金属材料

请同学们从器皿、电子产品、家电、家具、交通工具、包装、建筑等领域中调研金属材料的应用，并编写调研表格。格式如表 3-1：

金属材料调研整理　　表 3-1

序号	应用范例	材料名称	材料性能	相似用途	应用范例	材料印象
1						
2						
3						
…						

一、基础知识介绍

（一）铁及其合金

铁及其合金是工程技术中最重要也是用途最广的金属材料。从其诞生之日起就在人类的生产活动中扮演着重要角色。

1. 纯铁

纯铁的纯度在 99.98% 以上，它质软、价格昂贵、有银白色的金属光泽，强度低、硬度低、塑性好，不适合作为结构材料使用，我们通常认为的铁制品大都不是纯铁。纯铁从成分上来讲是钢的一种，一种是作为深冲压材料使用，成型复杂形状；一种是作为磁性材料使用，制造电器元件，另外也是配置精密合金的重要材料。

2. 铁合金

铁合金是铁与碳及一些少量的其他元素组成的合金。除了铁元素外，碳的含量对合金的机械性能起着主要作用,因此被称为铁碳合金。合金的强度和硬度随碳元素的含量增加而提高，同时降低塑性和韧性、增加加工的难度。

按照含碳量的不同，人们将铁碳合金分为铸铁和钢两大类。

1）铸铁

铸铁中碳的含量大于 2.11%，根据碳的存在形式的不同，铸铁可分为白口铸铁、灰口铸铁、球墨铸铁、蠕墨铸铁、可锻铸铁五种。

白口铸铁中碳几乎全部以碳化三铁的形式存在，因断口呈银白色而命名，它硬度高、脆性大，很难进行切削加工，只能直接用于铸造，所以工业上极少用来制造机器零件或产品外壳，主要用作生产可锻铸铁或钢的原料。

灰口铸铁中的碳是以片状的石墨形态存在的，因为断口呈灰色而得名（图 3–1）。有一定的力学性能和较好的切削性能，价格便宜，是应用最广泛的一种铸铁材料。广泛应用于机器的外壳、底座、机床的床身等。

球墨铸铁中的碳是以球状的石墨形态存在的，它的强度接近钢，只是塑性和韧性稍差，但同时拥有比钢更好的铸造性能，而且价格便宜，生产方便，兼有钢和铸铁的优点，因此应用广泛。如：井盖等（图 3–2）。

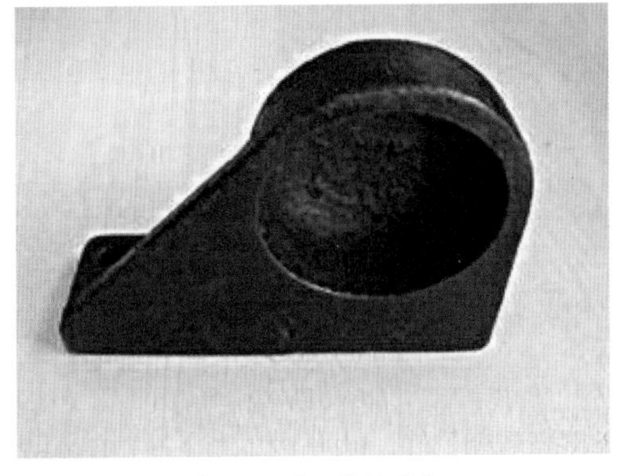

图 3–1　灰口铸铁零件

图 3–2　球墨铸铁井盖

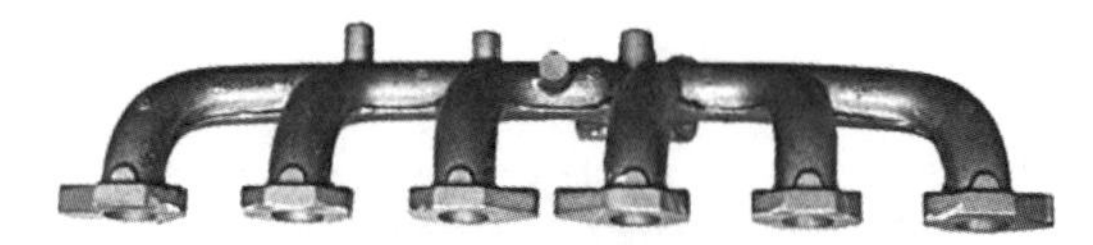
图 3-3 蠕墨铸铁

图 3-4 可锻铸铁

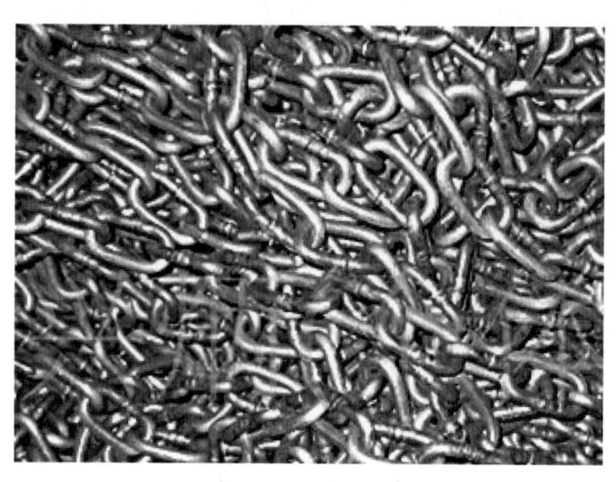
图 3-5 低碳钢链条

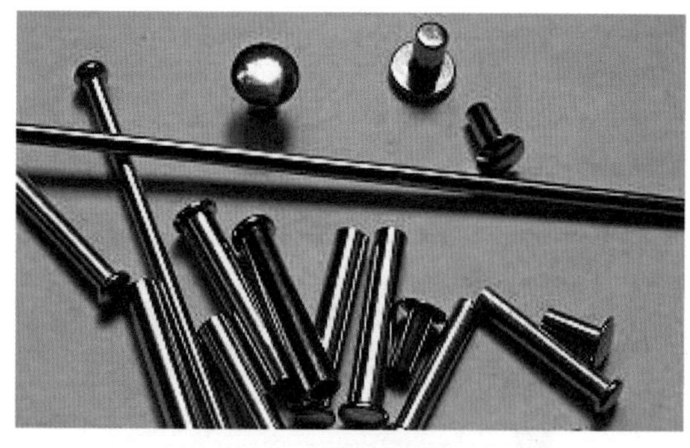
图 3-6 低碳钢铆钉

图 3-7 低碳钢垫片

蠕墨铸铁中的碳是以蠕虫状的石墨形态存在的，它的强度接近球墨铸铁，韧性、耐磨性较好，导热性好。常用于热交换器、内燃机、气缸、排气管等零件（图 3-3）。

可锻铸铁中的碳是以絮状石墨形态存在的，它的强度、塑性和韧性都较好，同时铸造性能好，成本比球墨铸铁低，可以部分代替钢。用以生产形状复杂承受冲击载荷或振动的零件或者一些薄壁零件（图 3-4）。

以上五种铸铁，除去白口铸铁不适合用作造型外，其他四种在相同基体组织的情况下，以球墨铸铁的力学性能最佳，可锻铸铁次之，蠕墨铸铁再次之，灰口铸铁最差。

2）钢

钢中的碳含量在 0.0218%~2.11% 之间。按照其中是否含有除铁碳之外的其他的主要合金元素，钢分为碳素钢和合金钢两种。

碳素钢又称碳钢，因为冶炼方便、价格便宜而应用广泛。碳素钢可以按照含碳量的不同分为低碳钢、中碳钢、高碳钢。

低碳钢含碳量在 0.0218%~0.25% 之间，塑性好，韧性好，强度低，加工性能良好，常用于铆钉、链条、轴和一些冲压件（图 3-5~ 图 3-7）。

中碳钢含碳量在 0.25%~0.6% 之间，强度、硬度、塑性和韧性均居于低碳钢和高碳钢之间，通过热处理可以获得良好的综合机械性能，在建筑和工程中大量被用作结构件（图 3-8、图 3-9）。

高碳钢含碳量在 0.6%~2.11% 之间，强度高，硬度高，耐磨性好，但塑性低、

图 3-8　结构件

图 3-9　中碳钢齿轮

图 3-10　剪刀

图 3-11　锯

图 3-12　钳子

韧性低，可用于工具、刃具、弹簧及耐磨部件的材料（图 3–10~ 图 3–12）。

碳素钢也可以根据其中有害杂质的含量不同分为普通碳素钢、优质碳素钢和高级优质碳素钢。

碳素钢还可以按照用途不同分为碳素结构钢和碳素工具钢。

合金钢是在碳素钢的基础上加入一种或多种合金元素而构成的合金。由于合金元素的加入从而使其力学性能或加工性能得到改善，或者使其具有一些特殊性能，如高的硬度、高耐磨性、高韧性等。

合金钢的种类很多，通常按照合金元素的多少分为低合金钢（含量≤ 5%），中合金钢（含量 5% ~ 10%），高合金钢（含量≥ 10%）。

按照质量可以分为优质合金钢和特质合金钢。

按照用途可以分为合金结构钢、合金工具钢和特殊性能钢（不锈钢，图 3–13、耐热钢、耐磨钢等）。

3. 钢材品种

工程当中使用的绝大多数都是经过轧制而得到的具有一定长度和特定界面形状的钢材。有型材（有圆钢、方钢、扁钢、工字钢、槽钢、角钢等）、板材（钢带也属于板材）、管材（有无缝钢管和焊缝钢管之分）、钢丝四大类（图 3–14~ 图 3–22）。

图 3-13 不锈钢

图 3-14 圆钢

图 3-15 方钢

图 3-16 扁钢

图 3-17 工字钢

图 3-18 槽钢

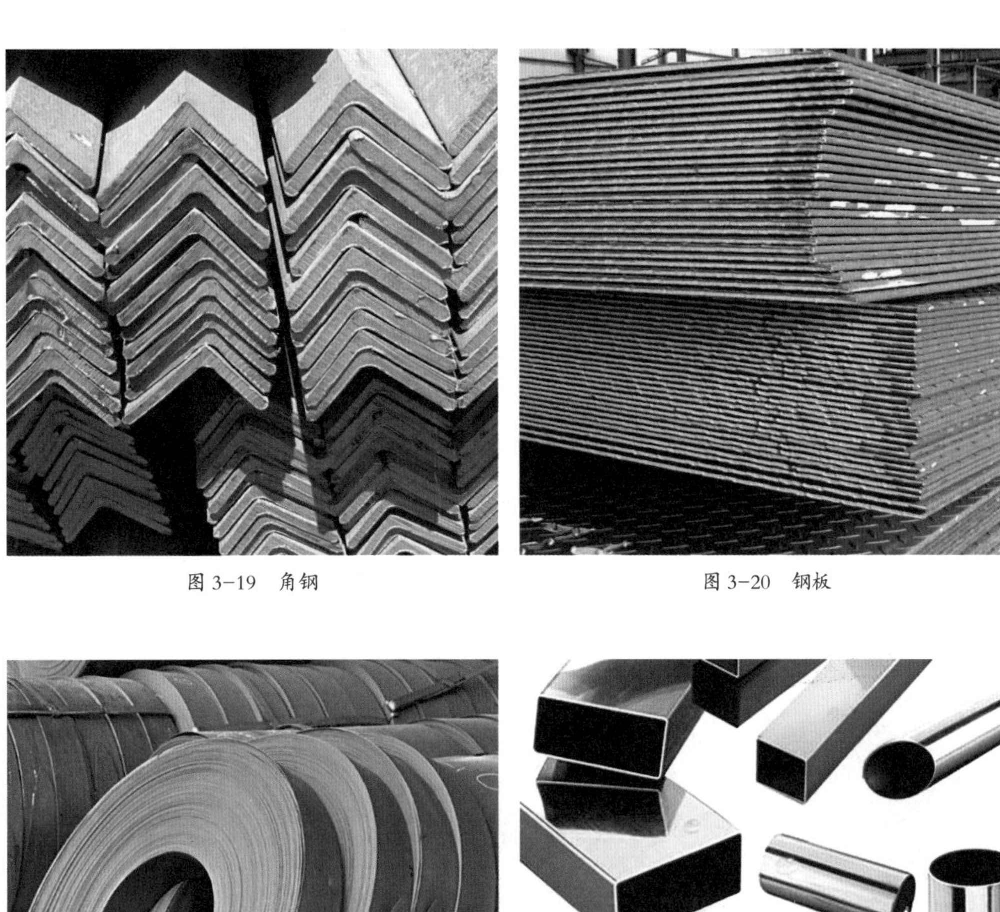

图 3-19　角钢

图 3-20　钢板

图 3-21　钢带

图 3-22　钢管

（二）铝及其合金

铝是地壳中含量最多的一种金属元素，也是我们日常生活中使用最广泛的一种轻金属。产量和销量均仅次于钢铁，是第二大金属。

1. 纯铝

纯铝的纯度在 99.0% 以上，它呈银白色，密度低，有着优良的传热导电性和抗腐蚀性，但因为强度也较低，所以更多的用作铝箔、包铝、电线、电缆等，较少直接用作产品造型和结构零件。

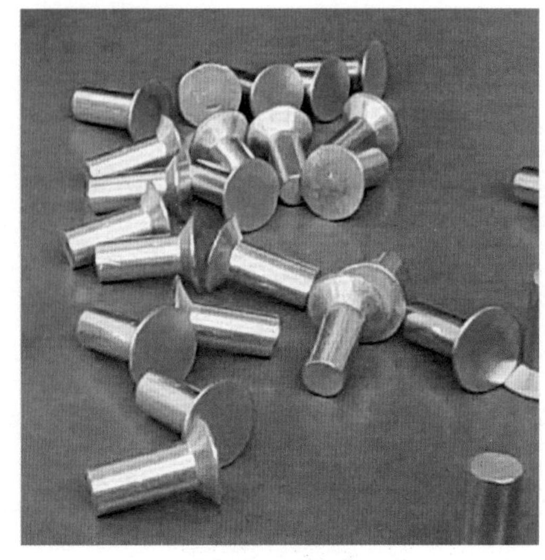

图 3-23 铝铆钉

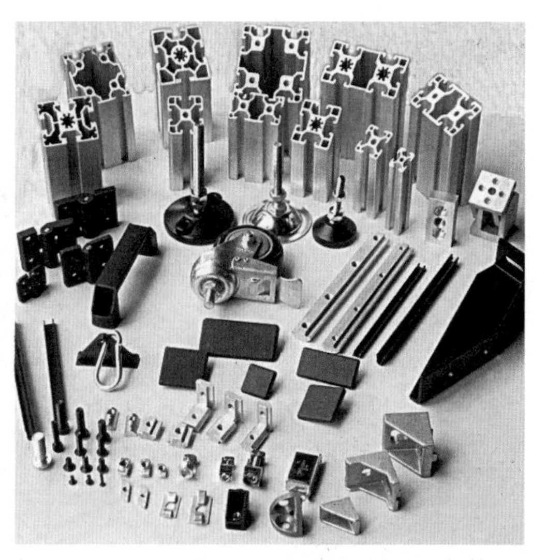
图 3-24 铝型材

图 3-25 铝壶

图 3-26 铝盆

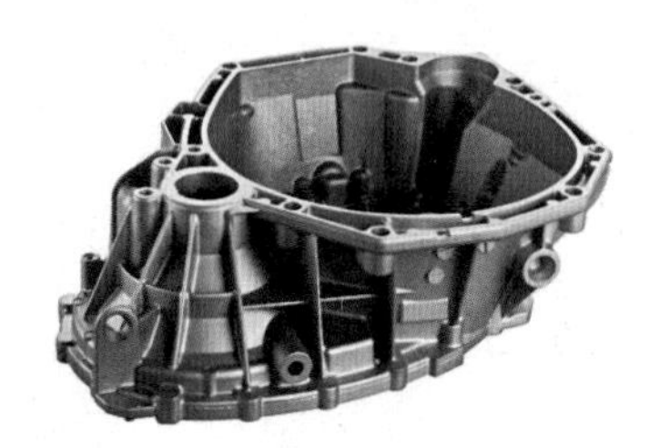
图 3-27 铸造铝合金

2. 铝合金

铝合金按照其加工性能的不同，分为变形铝合金和铸造铝合金两种。

变形铝合金塑性好，适合压力加工，可制成各种容器、壳体、管道、骨架等。以型材、板材等形式出售的铝合金都属于变形铝合金。按其性能特点又分为防锈铝合金、硬铝合金、超硬铝合金和锻铝合金（图 3–23~ 图 3–26）。

而铸造铝合金铸造性能优良，同时由于重量较轻，有一定的耐腐蚀性，常用于制造壳体、箱体、气缸活塞等（图 3–27）。

3. 铝材品种

铝材是铝合金经过压力加工成具有一定形状和尺寸的可直接使用或再加工后使用的半成品。铝材的品种有型材（常见的界面形状有角、槽、丁字、工字、Z 字、门窗型材）、板材、管材、棒材、线材和箔材。

（三）铜及其合金

铜是人类最早使用的一种金属，人类使用的有以下几种 ：

图 3-28　黄铜壶

图 3-29　铜丝

图 3-30　青铜器皿

图 3-31　白铜丝

1. 纯铜

纯铜呈紫红色，又称紫铜，导电性仅次于银，导热性好，塑性好，化学稳定性好，但是强度较低，不适合做结构材料，常用于制作导线，开关、变压器等电工材料。

2. 铜合金

常用的铜合金有黄铜、青铜和白铜三大类。

黄铜是以铜和锌为主要合金元素的铜合金，呈金黄色，色泽美观，铸造性能好，同时具有较高的耐磨性。可用来制造散热器、油管、弹壳等。如果在普通黄铜的基础上再加入一种其他的合金元素，可以制成特殊黄铜，特殊黄铜的强度、硬度、加工性能都得到了改善，可制成板材、管材、棒材、型材等，用于制作弹性零件、冲压零件、日用品等（图 3-28、图 3-29）。

随着材料科学的发展，现在我们将除了黄铜和白铜以外的所有铜合金都称之为青铜（图 3-30）。传统青铜是铜和锡的合金，是人类历史上使用最早的金属，它呈青灰色，耐腐蚀性好，耐磨性好，广泛用于造船、仪表、化工等领域。除了锡青铜外还有铝青铜、铍青铜等。

白铜是铜和镍的合金，具有较好的强度、优良的塑性、耐腐蚀性好、电阻率高，是重要的电阻及热电偶合金（图 3-31）。

(四)其他常用金属材料

1. 钛

钛元素资源丰富，但是由于加工条件复杂，因而目前价格昂贵。纯钛密度小、熔点高、塑性好、强度低。钛合金比强度高、塑性好、加工性能好，在尖端科技领域中有广泛的应用。

2. 锌

外观呈银白色，硬而易碎，熔点低，在制造上有不可磨灭的地位，在产品领域中广泛的用作耐腐蚀性材料。

3. 锡

略带蓝色的银白色金属，质软，易弯曲，在空气中锡的表面会生成二氧化锡保护膜从而抗氧化性好。用于制作锅炉内壁、牙膏袋和制作器皿，还广泛用作耐腐蚀性材料。

4. 镁

一种质轻的银白色金属，因为表面生成氧化膜而耐氧化。镁合金比强度高，是一种重要的轻型结构材料，广泛用于航天工业中，同时也是核工业上的结构材料或包装材料。

5. 金

一种赤黄色的贵金属，它质软、延展性好，不易氧化，常用作饰品的制作，同时也可作为镀金的材料。

6. 银

一种银白色的贵金属，质软，传热导电性好，化学稳定性好。除了用于制作饰品，也是一种电镀的材料。

二、实施过程

1. 学生针对任务展开调研，采用访问、文献查找、问卷调查等方法，在器皿、电子产品、家电、家具、交通工具、包装、建筑等领域中展开调研完成表格内容。表 3–2 为一位同学的作业范本。

2. 在班内以小组为单位展开调研结果的展示与交流，对于材料的性能与用途进行总结与完善。巩固在调研过程中了解到的材料知识。

三、任务小结

通过这一任务的完成，使得学生对于造型常用金属材料有了感性认识，了解常用金属材料的性能和用途，具备一定的调研能力，理解产品选择材料的依据，能够根据材料的用途判断材料的基本性能，培养了学生对材料的敏感性。

金属材料调研整理　　表 3–2

序号	应用范例	材料名称	材料性能	相似用途	材料印象
1		不锈钢	表面美观、光泽度好、耐腐蚀性好、耐磨性好、强度较高、便于塑性成型	用于厨房用品的设计，如勺、叉、铲、刀、锅、盘、碗、盆等	耐腐蚀性好、容易清理、用于潮湿或一些有腐蚀性介质的环境
2		黄铜	具有金黄色的金属光泽、耐腐蚀性好、成型性好、有一定强度	用于家具及室内装修的各种五金件，如合页、拉手、拉环等	相似用途的另一种材料是钢，但是二者的主要区别是色泽不同
3		中碳钢	具有较好的强度、硬度和较好的塑性和韧性，通过热处理可以获得良好的综合机械性能	在建筑和工程中大量被用作结构件，工业生产中的大量结构件也使用中碳钢	结实、可靠、用量大
4		变形铝合金	塑性好，适合压力加工、耐腐蚀性好、遮光	用于食品、药品等的包装，如易拉罐、茶叶盒、颜料包装等	银白、质软、质轻、区别于铜合金和铁合金的重要特征是密度小
5		中碳钢	具有较好的强度、硬度和较好的塑性和韧性，通过热处理可以获得良好的综合机械性能	在交通工具设计中应用广泛，如汽车、自行车、摩托车、轮船、火车等	可靠、稳定性好，有一定的耐磨性，在产品结构设计上使用广泛
6		低碳钢	塑性好，韧性好，强度低，压力加工性能好、能耐一定高温	常用于变形加工的零件，如铆钉、冲压成型的产品外壳等	有一定的强度、制品轻巧
7		变形铝合金	银白色金属光泽、塑性好，适合压力加工	在电子产品的设计中常用于产品的外壳，以体现时尚、高科技的特征	银白色、质轻耐腐蚀性好、表面可以处理成多种效果、科技感强

第二节　金属的铸造及切削工艺

图 3-32 为一铸造烛台的设计图和设计说明，请同学分析造型工艺的合理性。

图 3-32　烛台设计效果图

一、基础知识介绍

设计师的设计作品要得以实现，仅仅了解金属材料的种类和特性是远远不够的，要将金属材料加工成可用的、符合一定性能要求的制品必然要了解金属材料的成型工艺。

（一）铸造工艺

铸造是将金属熔炼成符合一定要求的液体，并浇注到铸型空腔中，待冷却脱模后获得具有预定形状和尺寸的零件的工艺过程。铸造是人类掌握较早的一种金属成型的工艺，商周时期的青铜器大多采用的就是铸造工艺成型的。发展到今天，铸造已经发展出多种工艺种类，常用的有砂型铸造、熔模铸造、金属型铸造、压力铸造、离心铸造等。

1. 砂型铸造

以砂为主要原料制成铸型，然后将熔融状态的金属在重力作用下填充铸型来生产零件的铸造方法。砂型铸造的工艺过程主要包括：制作木模、制作砂型、合箱、浇注、落砂、清理等过程（图 3-33、图 3-34）。

砂型铸造的适应性强，无论是单件还是批量生产均能适应，基本不受铸件的形状、尺寸和金属种类等因素的影响，所使用的材料廉价易得，铸型制造简单、投资小、成本低。但是铸件的精度差、表面质量差、容易出现缺陷、废品率较高、工作量大、手工操作时更是劳动强度大，生产效率低。如今一些企业利用先进技术改进了砂型铸造工艺，使铸件获得了较好的质量。

2. 熔模铸造

熔模铸造又称石蜡铸造，是人类历史上使用较早的一种铸造工艺。商周时期青铜器上精美的浮雕、镂雕和圆雕就是用这种工艺制造出来的。它是用易熔材料制成模型，然后将其涂挂耐火材料，然后结壳硬化后，再将模型融化、排出获得型腔进行浇注，从而获得预定的形状和尺寸的铸件的工艺。

熔模铸造的工艺过程包括：蜡模制造、结壳、脱蜡、焙烧、浇注、取件、清理等过程（图 3–35）。

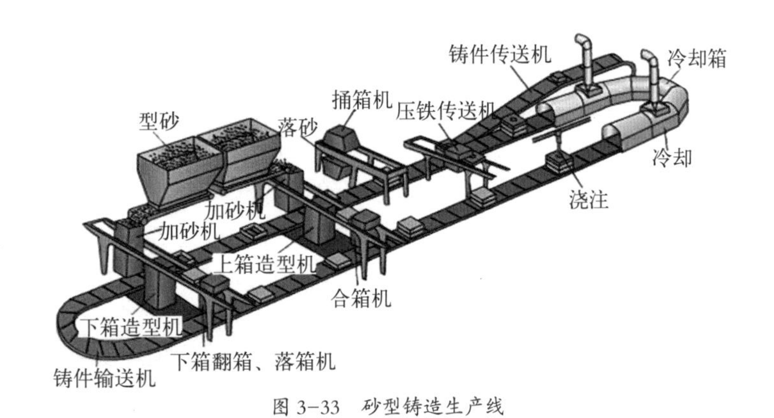

图 3–33 砂型铸造生产线

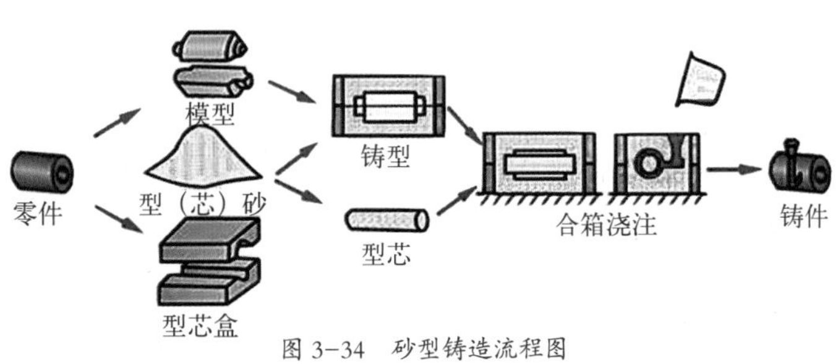

图 3–34 砂型铸造流程图

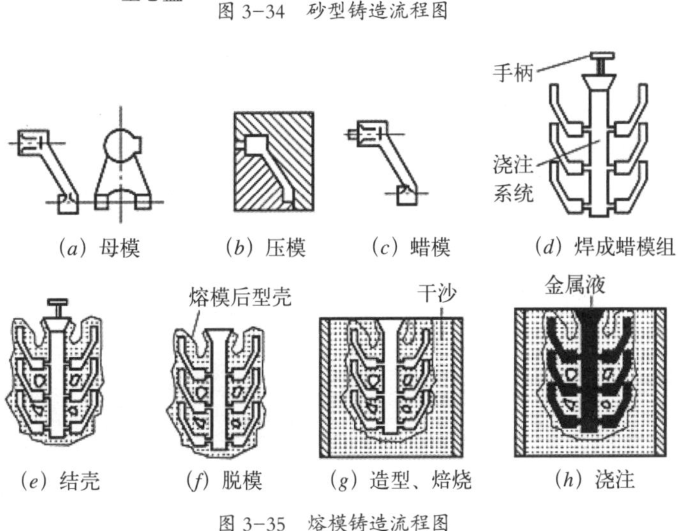

图 3–35 熔模铸造流程图

熔模铸造的零件尺寸精确、可以成型形状复杂的铸件，表面光洁、加工余量少，节约材料，可以获得没有脱模斜度、没有分型面的铸件。但是生产成本较高、工艺过程复杂、生产周期较长。

3. 金属型铸造

金属型铸造是将熔融金属浇注入金属铸型里，使金属熔液在重力作用下填充铸型，以获得铸件的铸造工艺。又称硬模铸造、永久型铸造。

金属型铸造的工艺流程包括:金属型制备、预热、喷涂料、合箱、浇注、取件、清理等过程。

因为铸型是用金属制成，所以可以重复使用，生产效率高，同时铸件尺寸精确、表面光洁、组织致密。但是金属型制造成本较高、透气性差、无退让性、容易浇注不足或开裂，而且对铸件重量、形状、壁厚等方面有一定限制，使用的合金熔点也不宜太高，主要适用于有色金属的铸造，对于黑色金属仅限于形状简单的铸件。

4. 压力铸造

压力铸造是在高压作用下，将液态或半液态的金属以较高的速度快速填充进金属型腔，并在压力下冷却凝固的铸造方法，简称压铸。一般在压铸机上进行，工艺过程和金属型铸造极为相似。

压铸铸件尺寸精确、表面光洁、组织致密、生产效率高，适合小型、形状复杂的薄壁零件，主要用于有色金属合金的生产。但是成本高、周期长，容易存在疏松和气孔等缺陷。

5. 离心铸造

离心铸造是将熔融状态的金属注入高速旋转的铸型中，使金属液在离心力的作用下凝固成型，得到铸件的铸造方法。在离心铸造机上进行。

离心铸造铸件致密，气孔、夹渣等缺陷少，但铸件易偏析，内表面较粗糙、尺寸不易控制，常用于制造各种管型或空心铸件。

6. 铸造件的结构与工艺设计

不同的铸造种类对于零件的设计要求有所不同，但总的归纳起来包括以下几个方面：

1）铸件的壁厚设计应合理，壁厚过大铁水冷却凝固的慢，会产生晶粒粗大，局部缩松、缩凹和缩孔现象，过小就不能保证铸件有足够的强度和刚度，而且会造成填充不良、成型困难。

铸件的壁厚应力求均匀，使得各部分冷却速度相近。铸件壁的连接应采用圆弧连接，不仅如此，铸件各表面相交的转角处都应做成圆角（图 3–36）。

2）铸件设计要避免过大的水平面

过大的水平面不利于金属液的填充，容易产生缺陷，所以应尽量减小平面的面积或将水平面设计成倾斜的（图 3–37）。

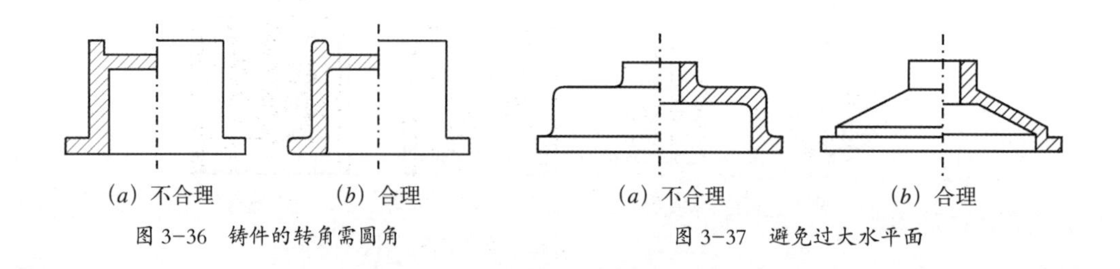

图 3–36 铸件的转角需圆角　　图 3–37 避免过大水平面

3）分型面尽量平直、减少分型面

减少分型面的数量能够降低成本，减少缺陷；分型面平直可降低造型工时，减少毛边，便于清理（图 3–38、图 3–39）。

4）避免封闭空腔、不用或少用型芯

型芯安放困难、排气不畅、难于清砂，不利于保证铸件的质量（图 3–40）。

5）结构设计利于脱模

铸件的结构设计应避免与铸件脱模方向相垂直的孔或结构，以免造成脱模困难或无法脱模（图 3–41）。

6）脱模斜度

铸件垂直于分型面的表面应设计出一定的斜度，称为脱模斜度或结构斜度（图 3–42）。

（二）切削工艺

切削加工在工业中用途广泛，是最基本的加工方法，是利用刀具和工件的相对运动，切去多于金属以获得符合尺寸、形状和表面精度要求的制件的加工方法，有车、钻、铣、刨、磨、镗、拉等方法。

1. 车削

车削是在车床上进行的，在加工过程中工件做旋转运动、车刀做平面内的直线或曲线运动。可以加工各种回转面，如内外圆柱面、端面、圆锥面、台阶、倒角、切槽、孔、圆弧、成型面或螺纹等（图 3–43）。

2. 钻削

钻削可以在钻床、车床和铣床上进行加工，在加工过程中刀具既做旋转运动，又做轴向进给运动。钻削主要用来加工各种孔类表面，除了用于钻孔、扩孔、绞孔等加工各种不同精度的孔，还可以用于攻螺纹、锪沉头锥孔、锪圆柱沉头孔等。

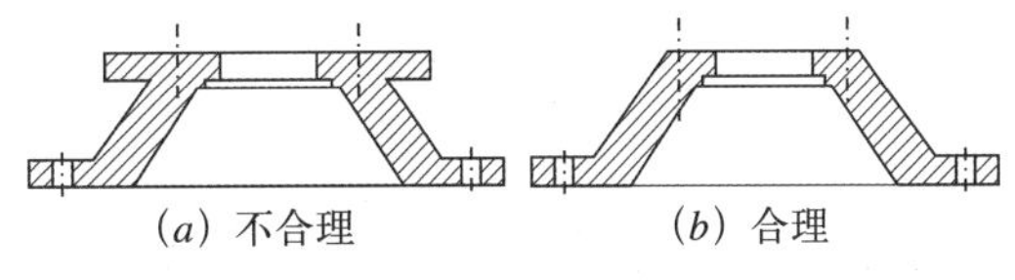

（a）不合理　（b）合理

图 3–38　分型面尽量平直

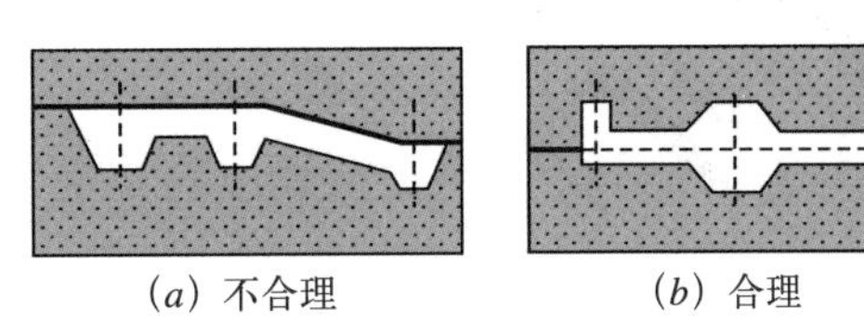

（a）不合理　（b）合理

图 3–39　减少分型面

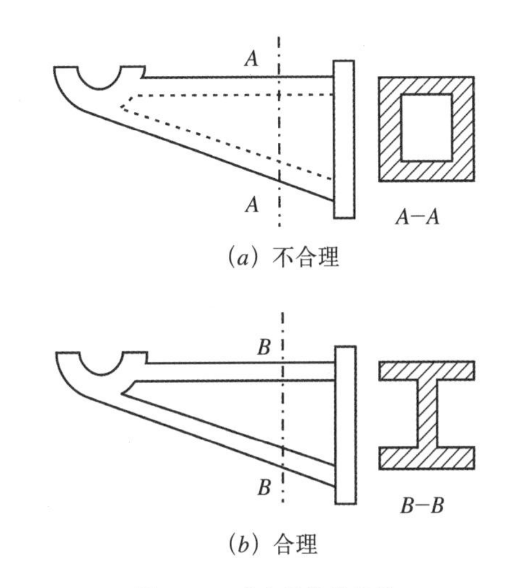

（a）不合理

（b）合理

图 3–40　减少型芯的使用

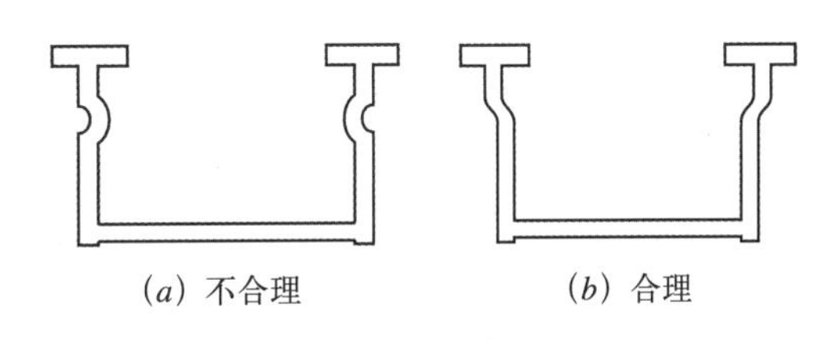

（a）不合理　（b）合理

图 3–41　结构设计应利于脱模

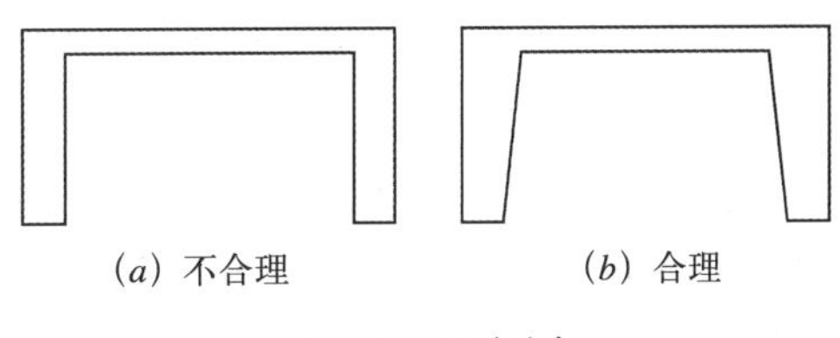

（a）不合理　（b）合理

图 3–42　脱模斜度

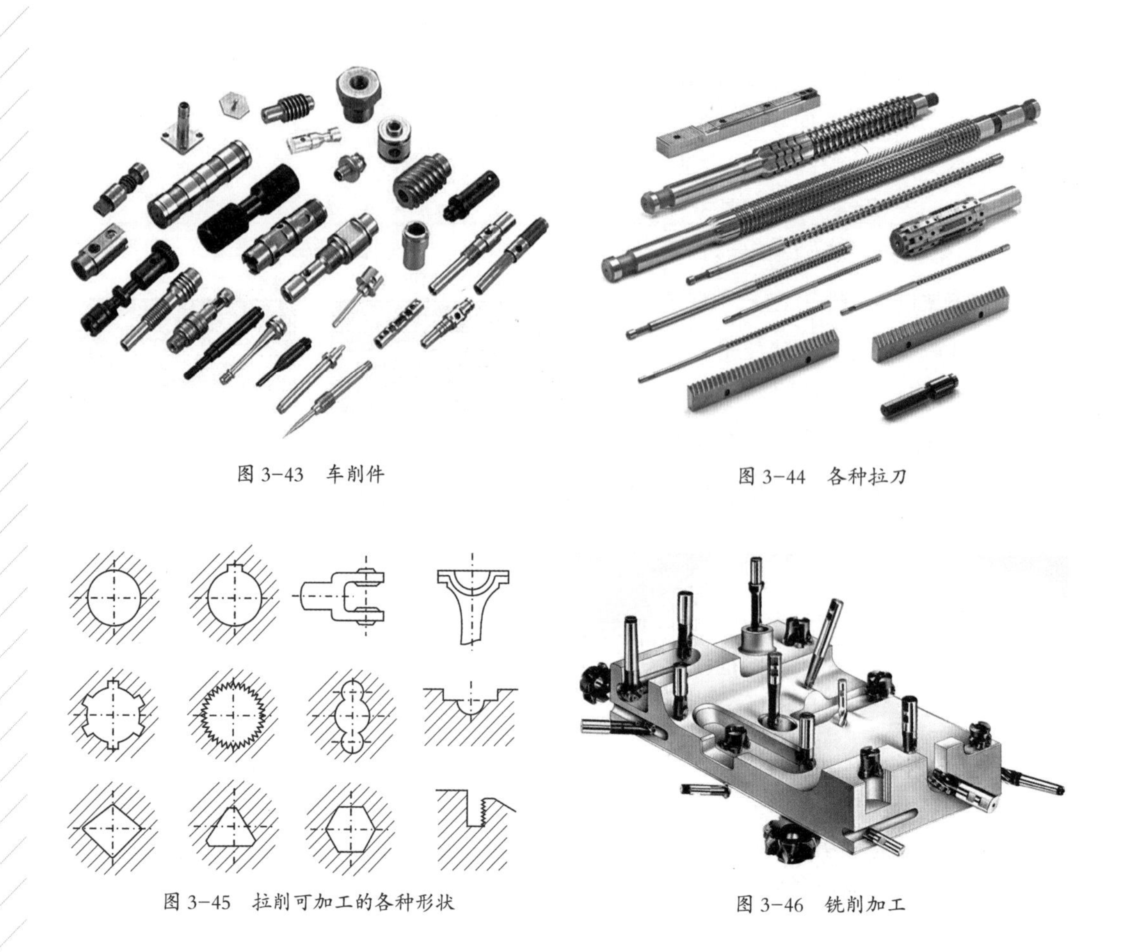

图 3-43 车削件

图 3-44 各种拉刀

图 3-45 拉削可加工的各种形状

图 3-46 铣削加工

3. 镗削

镗削可以在车床上加工，也可以在镗床或镗铣床上加工，刀具做回转运动，工件或刀具做进给运动。主要用于对已有的孔进行扩大加工，称为镗孔，但是生产效率较低，常用于单件小批量生产。

4. 拉削

拉削是在拉床上加工的，拉刀做直线运动的同时，拉刀的齿升量来提供进给，用于加工各种形状的通孔，也可以用于加工平面和各种内、外成型面。拉削加工生产效率高、加工质量高，但是由于拉刀制造成本高，常用于大批量的生产（图 3–44、图 3–45）。

5. 铣削

铣削是在铣床上进行加工的，加工过程中铣刀做旋转运动，工件做进给运动。铣削除了用于加工各种平面、沟槽，还可以加工螺旋槽和齿形等（图 3–46）。

6. 刨削

刨削是在刨床上加工的，刨刀和工件一个做往复直线运动，一个做垂直的间歇送进运动。刨削适用于加工平面、各种沟槽和成型面等。但是由于刨削加工的生产效率较低，在大批量生产中，已逐渐被铣削和拉削代替（图 3–47）。

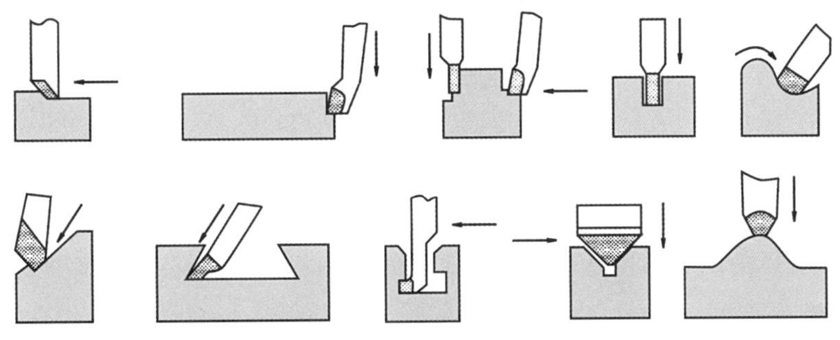

图 3-47　可以刨削加工的平面

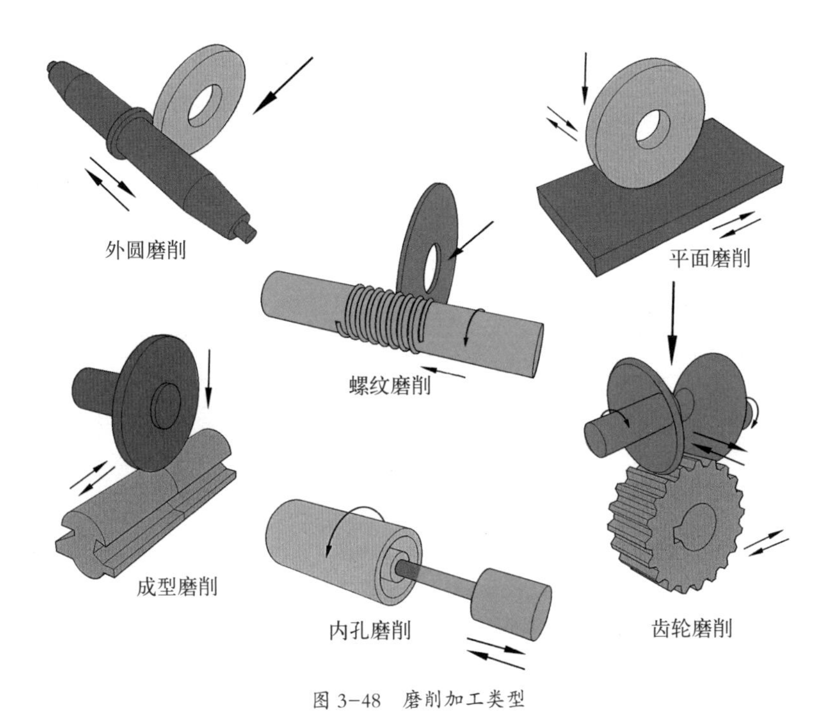

图 3-48　磨削加工类型

7. 磨削

磨削是在磨床上加工的，砂轮做旋转运动，而工件做进给运动。磨削用于提高各种外圆面、内圆面、平面、各种成型面的精度，随着科技发展，磨削加工在机械加工中的比重日益增加（图 3-48）。

二、实施过程

1. 首先确定烛台的成型工艺

此烛台的造型取自于我国古建筑——长城，给人以厚重、稳定、可靠，体量感比较强，细节较少，造型材料适合选择灰口铸铁，因为它的成形性好、价格便宜、用途广泛。如果想要突出的是精确、轻盈的效果可以选择有色金属压力成型的方式，但同时成本也会提高。

在成型工艺选择时，因为表面没有复杂的花纹，所以不用熔模铸造；因为不是有色金属合金，所以不用金属型铸造；因为要体现厚重感，壁厚较大，所以也不用选择压力铸造；因为不是回转面，更是不用离心铸造，所以此设计选择适应性强、成本较低的砂型铸造。但砂型铸造表面比较粗糙，以便突出长城古朴沧桑的感觉。

2. 用成型工艺分析烛台的结构

成型工艺选择好了后，就要根据这种成型工艺的结构设计的要求对产品造型进行细节处理。

1）烛台的造型设计比较符合铸造成型的需要，造型简洁，以直线为主，没有封闭和半封闭的空间，同时没有过大的水平面，但是烽火台的门洞部分需要用到型芯。

2）壁厚

参照《机械设计手册》关于铸件壁厚的规定，如表 3–3，可见产品最小壁厚为 5~6mm，但是考虑到造型的需要，即总体尺寸和城墙厚度的比值，可以提高壁厚到 8~10mm。

铸件最小允许壁厚（mm） 表 3–3

<table>
<tr><th rowspan="2">铸型种类</th><th rowspan="2">铸件尺寸</th><th colspan="8">最小允许壁厚</th></tr>
<tr><th>铸钢</th><th>灰铸铁</th><th>球墨铸铁</th><th>可锻铸铁</th><th>铝合金</th><th>镁合金</th><th>铜合金</th><th>高锰钢</th></tr>
<tr><td rowspan="3">砂型</td><td>200×200 以下</td><td>6 ~ 8</td><td>5 ~ 6</td><td>6</td><td>4 ~ 5</td><td>3</td><td>—</td><td>3 ~ 5</td><td rowspan="6">20（最大壁厚不超过 125）</td></tr>
<tr><td>200×200 ~ 500×500</td><td>10 ~ 12</td><td>6 ~ 10</td><td>12</td><td>5 ~ 8</td><td>4</td><td>3</td><td>6 ~ 8</td></tr>
<tr><td>500×500 以上</td><td>18 ~ 25</td><td>15 ~ 20</td><td>—</td><td>—</td><td>5 ~ 7</td><td>—</td><td>—</td></tr>
<tr><td rowspan="3">金属型</td><td>70×70 以下</td><td>5</td><td>4</td><td>—</td><td>2.5 ~ 3.5</td><td>2 ~ 3</td><td>—</td><td>3</td></tr>
<tr><td>70×70 ~ 150×150</td><td>—</td><td>5</td><td>—</td><td>3.5 ~ 4.5</td><td>4</td><td>2.5</td><td>4 ~ 5</td></tr>
<tr><td>150×150 以上</td><td>10</td><td>6</td><td>—</td><td>—</td><td>5</td><td>—</td><td>6 ~ 8</td></tr>
</table>

注：1. 结构复杂的铸件及灰铸铁牌号较高时，选取偏大值。
2. 特大型铸件的最小允许壁厚，还可适当增加。

烛台的宽度约为 55~60mm，若选择壁厚为 8mm，那么放置蜡烛处的内径约为 40mm，通常销售的灌装蜡烛直径为 35mm，能够满足使用的要求。

3）铸造圆角

铸造圆角的选择可以参考《机械设计手册》关于铸造圆角的规定。内容如表 3–4、表 3–5：

可以查出铸造外圆角在此造型中选择 2mm 比较合适，内圆角 4mm 比较合适，修改后的效果如图 3–49 所示。

4）脱模斜度的问题

烛台的顶部因为是主要面向使用的面，所以需要组织结构更致密，因此在铸造成型的过程中，会将顶部向下，而且全部造型均可位于沙箱的同一侧，如图 3–50 所示。

为了保证成型后容易脱模，所以烛台的侧壁要设计出脱模斜度，体现在造型上就是所有竖直方向上的面都要有一定斜度，烛台的造型呈现上小下大的形态。这种形态使得烛台的造型更接近于烽火台（图 3–51）。

铸造外圆角半径 *R* 值（mm）　　　　表 3-4

表面的最小边尺寸 *P*	外圆角 α					
	≤ 50°	51° ～ 75°	76° ～ 105°	106° ～ 135°	136° ～ 165°	> 165°
≤ 25	2	2	2	4	6	8
> 25 ～ 60	2	4	4	6	10	16
> 60 ～ 160	4	4	6	8	16	25
> 160 ～ 250	4	6	8	12	20	30
> 250 ～ 400	6	8	10	16	25	40
> 400 ～ 600	6	8	12	20	30	50
> 600 ～ 1000	8	12	16	25	40	60
> 1000 ～ 1600	10	16	20	30	50	80
> 1600 ～ 2500	12	20	25	40	60	100
> 2500	16	25	30	50	80	120

注：如果铸件不同部位按上表可选出不同的圆角 *R* 数值时，应尽量减少或只取一适当的 *R* 数值，以求统一。

铸造内圆角半径 *R* 值（mm）　　　　表 3-5

$\frac{a+b}{2}$	内圆角 α											
	≤ 50°		51° ～ 75°		76° ～ 105°		106° ～ 135°		136° ～ 165°		> 165°	
	钢	铁	钢	铁	钢	铁	钢	铁	钢	铁	钢	铁
≤ 8	4	4	4	4	6	4	8	6	16	10	20	16
9 ～ 12	4	4	4	4	6	6	10	8	16	12	25	20
13 ～ 16	4	4	6	4	8	6	12	10	20	16	30	25
17 ～ 20	6	4	8	6	10	8	16	12	25	20	40	30
21 ～ 27	6	6	10	8	12	10	20	16	30	25	50	40
28 ～ 35	8	6	12	10	16	12	25	20	40	30	60	50
36 ～ 45	10	8	16	12	20	16	30	25	50	40	80	60
46 ～ 60	12	10	20	16	25	20	35	30	60	50	100	80
61 ～ 80	16	12	25	20	30	25	40	35	80	60	120	100
81 ～ 110	20	16	25	20	35	30	50	40	100	80	160	120
111 ～ 150	20	16	30	25	40	35	60	50	100	80	160	120
151 ～ 200	25	20	40	30	50	40	80	60	120	100	200	160
201 ～ 250	30	25	50	40	60	50	100	80	160	120	250	200
251 ～ 300	40	30	60	50	80	60	120	100	200	160	300	250
> 300	50	40	80	60	100	80	160	120	250	200	400	300

注：对于高锰钢铸件，内圆角半径 *R* 值应比表中数值增大 1.5 倍。

图 3-49　修改后的效果

图 3-51　最终效果

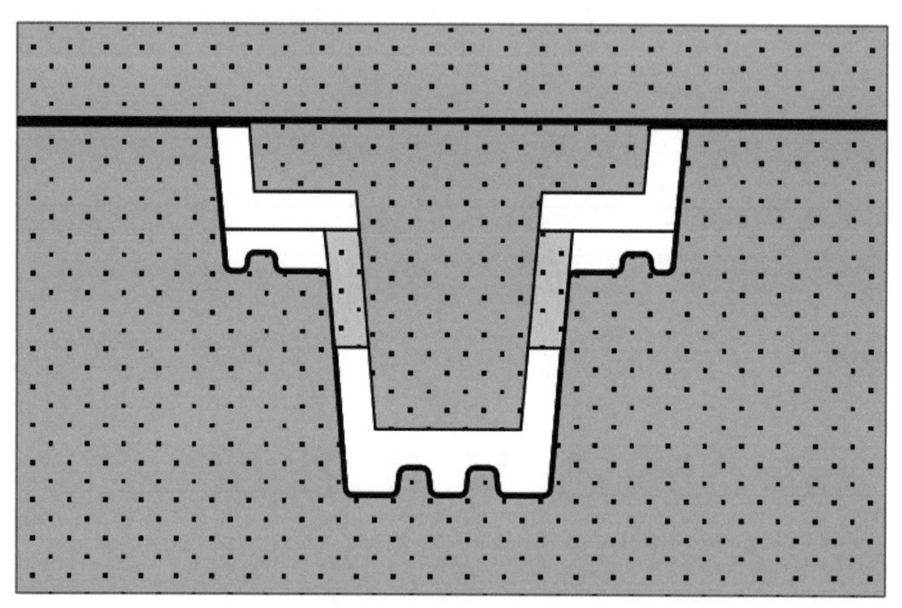

图 3-50　烛台铸造示意图

3. 底面切削

因为铸造成型过程中造型倒置，所以浇口和冒口均设置在烛台底面，所以底面平整度较差，而在实际使用过程中底面需要放置在平面上，对于底面的平整度要求较高，所以在铸造成型以后需要对底面进行切削加工以提高其精度。加工方法可以选择铣削或者刨削。

三、任务小结

通过这个任务的实施，使学生了解了铸造和切削加工的基础知识，并能够运用所学知识对产品造型的合理性进行分析，并予以改善，认识到了解加工工艺的重要性。

第三节　金属的冲压工艺和连接工艺、表面处理

图 3-52 为一便签架的设计图和设计说明，请同学分析造型工艺的合理性。

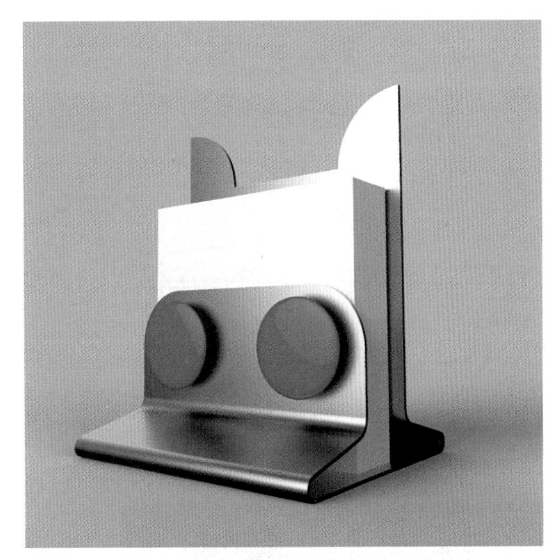

图 3-52　便签架设计

一、基础知识介绍

（一）板料冲压

冲压加工是通过装在剪床或冲床上的冲模对板料施加压力，使之变形或分离，从而获得预定形状、尺寸和性能的零件的加工方法，是金属板料常用的加工工艺。这种加工方法操作简单，冲压件精度高、强度高、质量轻，材料利用率高，生产效率高，便于实现机械化、自动化。一般是在常温下进行的，称之为冷冲压，但是当板料的厚度超过 8mm 时或板料的塑性较差时，需要对板料进行预加热，称为热冲压。冲压加工的基本工艺有分离和造型两种。

1. 分离工序（冲裁工序）

1）冲孔

用冲模沿封闭轮廓冲切板料或毛坯，封闭轮廓以内部分为废料，余者为工件（图 3-53）。主要用来在板料上加工各类孔。

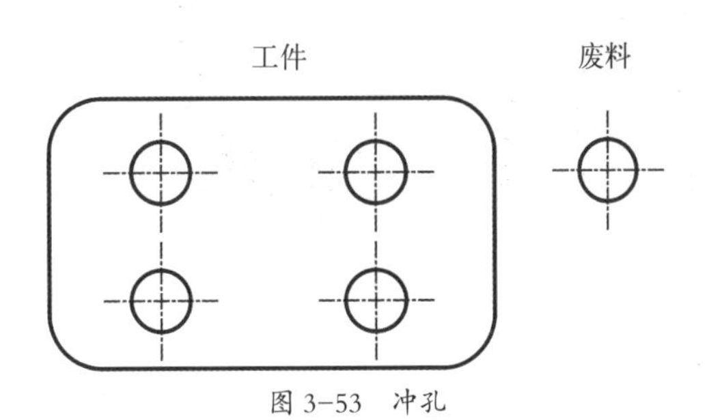

图 3-53　冲孔

2）落料

用冲模沿封闭轮廓冲切板料，封闭轮廓以内部分为工件，余者为废料。主要用于加工各种形状的平板制件（图 3-54）。

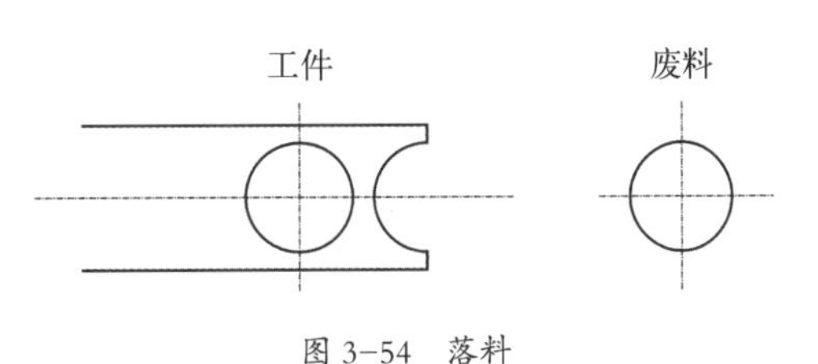

图 3-54　落料

3）切断

将剪模或冲模将板料沿不封闭轮廓进行分离的工序。多用于加工形状简单的平板制件。

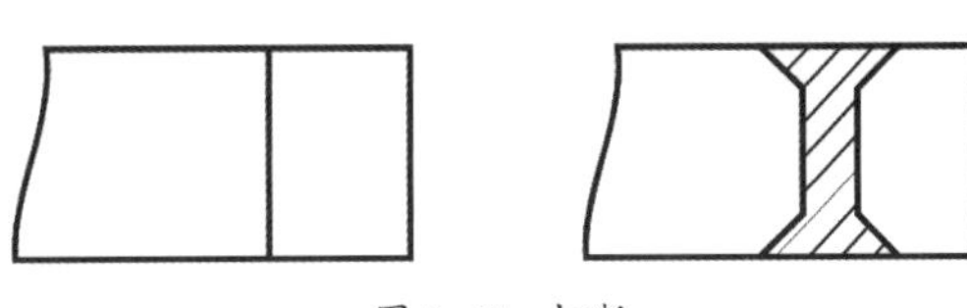

图 3-55　切断

4）切口

将坯料沿不封闭的轮廓部分切开，但并不使它完全分离，而是部分发生弯曲的工序（图 3–56）。

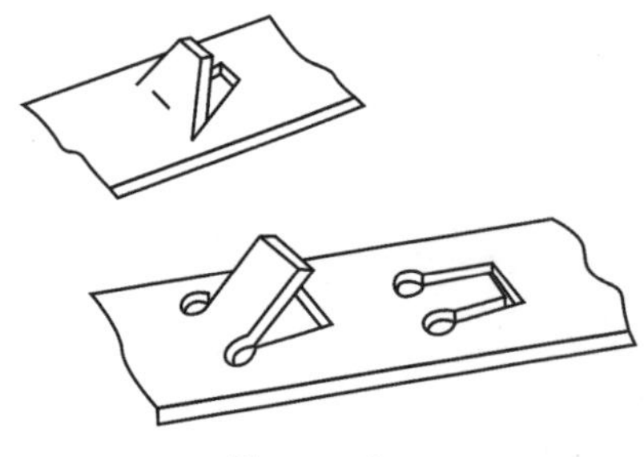

图 3–56 切口

5）切边

将坯件边缘多余部分切掉的工序（图 3–57）。

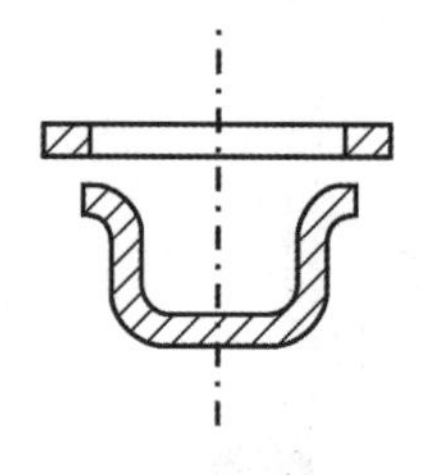
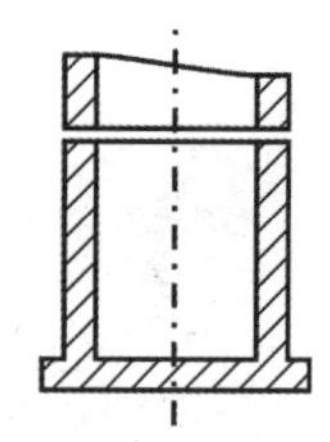

图 3–57 切边

6）剖切

将弯曲件或拉伸件等坯件剖成大于等于二的几部分的工序（图 3–58）。

图 3–58 剖切

7）修整

切去坯件的余量以获得光滑的断面和精确的尺寸的工序。

2. 成型工序

1）弯曲——把板料完成一定的形状（图 3–59）。

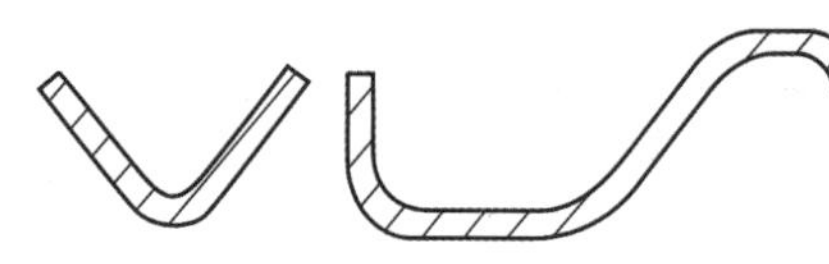

图 3–59 弯曲

2）卷边——把板料端部卷成圆形（图 3–60）。

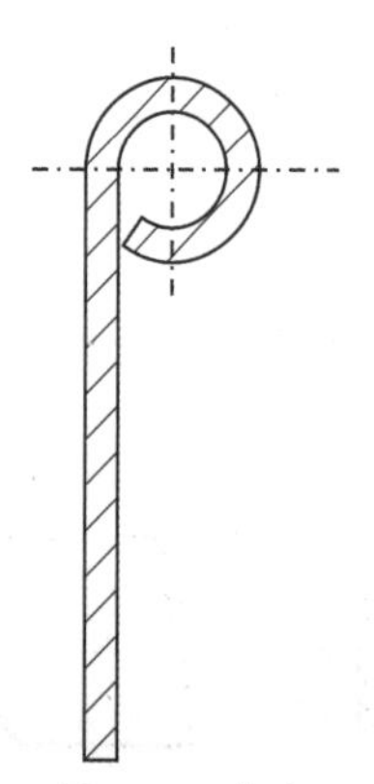

图 3–60 卷边

3）翻边——把零件的孔或外边缘翻起成竖立的直边的冲压工序（图 3–61）。

4）扭弯——将零件的一部分相对另一部分扭转成一定的角度（图 3–62）。

5）拉深——将一定形状的平板毛坯制成各种形状的开口空心件；或将开口空心件进一步改变形状和尺寸的加工方法（图 3–63）。

6）起伏成型——使零件产生局部凸起（或凹下）的冲压方法，可以是肋条、花纹或文字（图 3–64）。

7）胀形——从空心件内部施加径向压力，使之厚度变薄，表面积增大，呈凸肚形状（图 3–65）。

8）缩口——将空心件的口部缩小（图 3–66）。

9）扩口——将空心件的口部扩大（图 3–67）。

10）旋压——在旋转状态下用小滚轮逐步将板料贴覆到模胎的成型方法（图 3–68）。

11）校形——校正零件的形状或精度。

12）压印——在制件上压出文字或花纹，而只在被压面上有变形（图 3–69）。

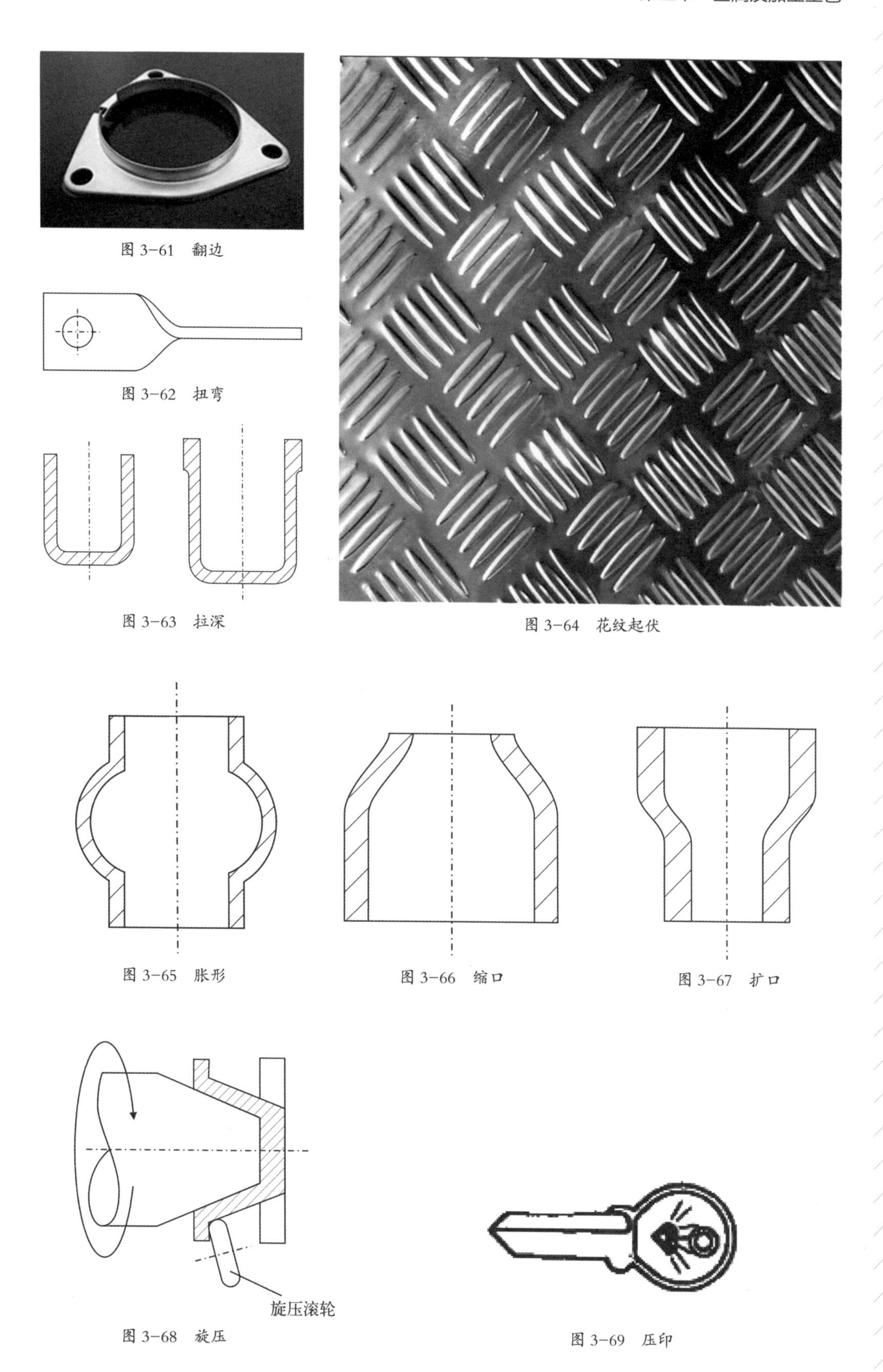

图 3-61　翻边

图 3-62　扭弯

图 3-63　拉深

图 3-64　花纹起伏

图 3-65　胀形

图 3-66　缩口

图 3-67　扩口

图 3-68　旋压

图 3-69　压印

（二）冲压件结构设计要点

1. 弯曲件的结构设计

①弯曲件的形状最好对称，弯曲半径左右一致。

②弯曲件的圆角半径应大于板料许可的最小弯曲半径，最小弯曲半径与板料的材质和厚度有关（表 3–6）。

弯曲成 90° 时板件最小弯曲圆角半径（为厚度 t 的倍数）　　**表 3–6**

材料	垂直于轧制纹路	与轧制纹路成 45°	平行于轧制纹路
08、10、Q195、Q215	0.3	0.5	0.8
15、20、Q235	0.5	0.8	1.3
30、40、Q235	0.8	1.2	1.5
45、50、Q235	1.2	1.8	3.0
25CrMnSi、30CrMnSi	1.5	2.5	4.0
软黄铜和铜	0.3	0.45	0.8
半硬黄铜	0.5	0.75	1.2
铝	0.35	0.5	1.0
硬铝合金	1.5	2.5	4.0

③曲件的直边高度不宜过小，弯曲高度为弯曲半径的两倍。可在弯曲前，在弯曲处先压槽，再弯曲，如图 3–70 所示，或加高直边，弯曲后再切掉。

④弯曲件有孔时，必须使孔处于弯曲变形区之外（图 3–71）。

⑤局部弯曲某一段边缘时，为避免角部形成裂纹，可预先切出防裂槽或外移弯曲线（图 3–72）。

2. 冲裁件的结构设计

良好的冲裁结构设计能保证材料利用率高、工序数目少、模具结构简单且寿命高、产品质量稳定等。一般情况下，对冲裁件结构影响最大的是精度要求和几何形状及尺寸。

①冲裁件的形状应尽量简单，最好是规则的几何形状或由规则的几何形状所组成。同时应避免冲裁件上过长的悬臂与凹槽，它们的宽度要大于料厚的 1.5~2 倍。冲裁件的外形和内孔应避免尖角，采用圆角的形式（图 3–73）。

②冲孔时，孔的尺寸不宜过小（表 3–7）。

③孔与孔之间的距离或孔与零件边缘之间的距离不能过小，一般应为 3~4mm。

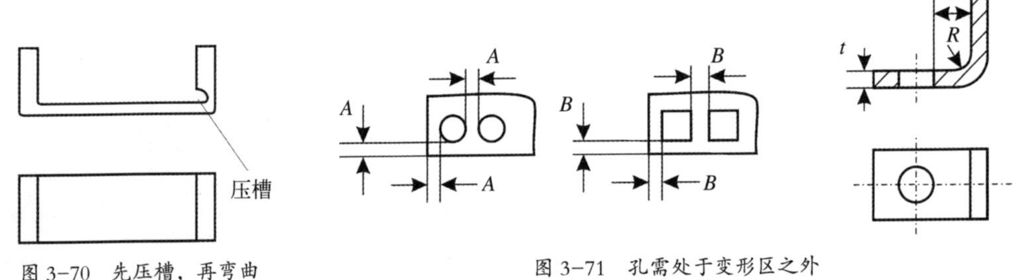

图 3–70　先压槽，再弯曲　　　　图 3–71　孔需处于变形区之外

不同材料孔的半径（为厚度 t 的倍数）　表 3–7

加工材料	一般的孔		精密导向退料孔	
	圆形	方形	圆形	方形
硬钢	$1.3t$	$1.0t$	$0.5t$	$0.4t$
软钢、黄铜	$1.0t$	$0.7t$	$0.35t$	$0.3t$
铝板	$0.8t$	$0.5t$	$0.3t$	$0.28t$

④在弯曲件或拉深件上冲孔时，其孔壁与工件直壁之间的距离不宜过小，否则，会影响弯曲件或拉深件的已成形区域。

3. 拉深件的结构设计

①拉深件的形状应尽量简单对称，圆筒形、锥形、球形、非回转体、空间曲面，成型难度依次增加。

②拉深件凸缘的外轮廓最好与拉深部分的轮廓形状相似、宽度一致并且不宜过大（图 3–74）。

③拉深件的圆角半径要合适。内部圆角半径为壁厚的 3~5 倍。

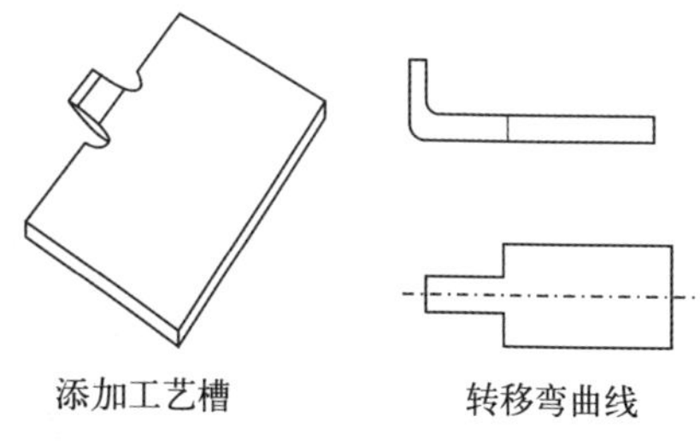

图 3–72　局部处理

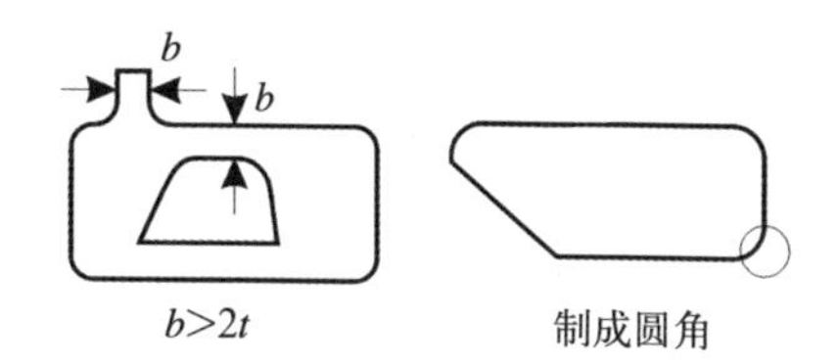

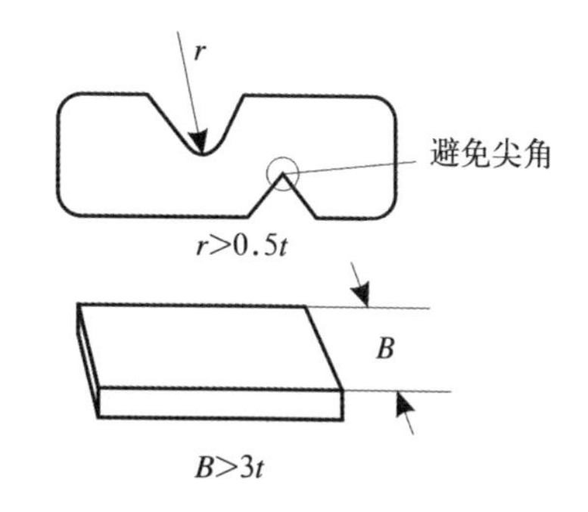

图 3–73　平板件结构外形

二、实施过程

1. 确定此方案的成型方法

此便签架将动物形象进行了高度概括，抽象成了几何图形，各处材料的厚度相同，各个面之间的夹角不同，形成了向前和向后凸的两个部分，这两个部分为支撑结构，适合采用金属板料冲压加工的方法成型。

2. 根据成型工艺分析其造型设计的合理性

1）圆角的处理

便签架的形状比较规则，由简单的几何形组成，没有细长的凹槽和悬臂，比较适合冲压加工。对于冲裁件上避免尖角的要求，便签架用磁扣固定用过便签的一侧，金属板料的造型设计上有较大的圆角；而待用便签后的靠板上的动物耳朵状的造型则全是尖角，需要根据板料及厚度，设计成半径合适的圆角（图 3–75）。

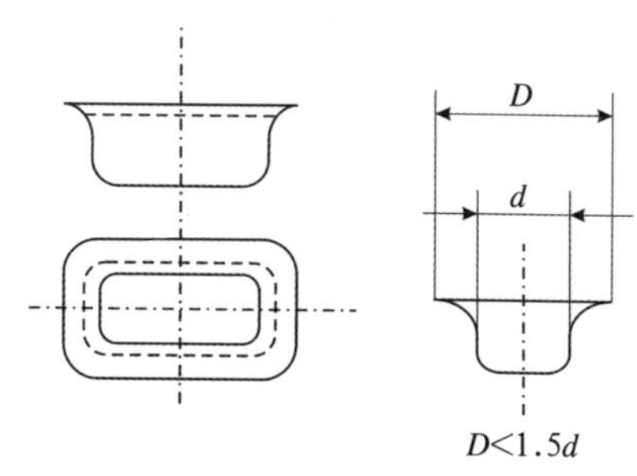

图 3–74　拉伸件凸缘的外轮廓

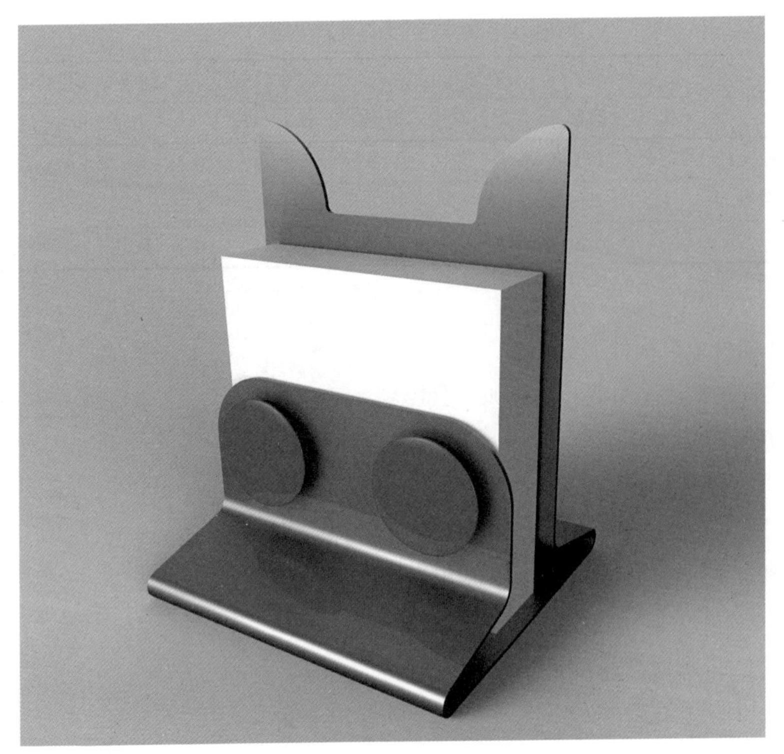

图 3-75 圆角的处理

2）对称的问题

便签架的造型虽然前低后高，但是就底部造型而言却是前后对称的，弯曲半径的大小一致，而且竖直部分长度较大，并不影响底部的对称造型。

3）直边高度的问题

弯曲件的直边高度不宜过小，弯曲高度为弯曲半径的两倍，造型也符合这一要求。

4）弯曲半径的问题

根据便签的尺寸，最大高度大约为 10cm，厚度约为 6cm，推断板料的厚度约为 1mm，弯曲的半径约为 5mm，远大于材料的厚度，弯曲半径比较符合要求。

三、任务小结

通过此任务的实施，使学生了解到了金属板料的冲压工艺，并运用所学的知识对产品造型的结构设计予以改进。对于材料与加工工艺的重要性有进一步的认识。

第四章　塑料及加工工艺

【学习任务】

1. 编写塑料调研表格

2. 鱼形开瓶器造型分析

【任务目标】

学习塑料的分类、性能、用途、成型工艺等知识，并运用到产品设计中去。

【任务要求】

能够积累一定量的塑料知识，并了解塑料的成型工艺，且运用到产品造型设计中去。

第一节 认识塑料材料

请同学们从器皿、电子产品、家电、家具、交通工具、包装、建筑等领域中寻找塑料材料的应用，并编写调研表格。格式如表 4–1：

塑料调研整理 表 4–1

序号	应用范例	材料名称	材料性能	相似用途	应用范例	材料印象
1						
2						
3						
…						

一、基础知识介绍

为了改善单一树脂性能的不足，在使用时加入填充剂、增塑剂、稳定剂、着色剂等添加剂形成的新的具有塑性的材料成为塑料。塑料的使用历史超过一个世纪，如今品种众多，产量不断扩大，应用领域不断扩展，甚至出现“以塑代钢”的趋势。

（一）塑料的成分

合成树脂——一种高分子化合物，是塑料的基本材料，影响塑料的主要性质，起胶黏作用，一般占 30%~100%。比如聚乙烯、环氧树脂、聚酰胺等，塑料的命名多数情况下是以合成树脂命名的。

填料——为了改善单一树脂机械性能和加工性能的不足而在配方中添加的一些惰性材料，如石英、云母、棉屑、纸、碎布等，同时也降低材料的成本。约占塑料总质量的 40%~70%。

增塑剂——增加塑料流动性、柔韧性和弹性，降低其脆性和刚性，能够与合成树脂有一定相容性的黏性物质。

稳定剂——防止塑料在加工和使用过程中因受热、氧化和光照等因素而变质、分解，延长塑料使用寿命的物质，一般用量为千分之几。

着色剂——为了改变塑料的颜色而加入的有机颜料或无机颜料。

润滑剂——主要作用是改善塑料在加工过程中的流动性和脱模性，同时获得更好的表面质量。

固化剂——和合成树脂发生反应，获得交联的网状结构，使树脂具有热固性。又称硬化剂或熟化剂。

其他添加剂——为了改善材料的性能，根据需要加入的其他成分。如：抗静电剂、阻燃剂、荧光剂等。

（二）塑料的分类

按照合成树脂的热性能分：热塑性塑料和热固性塑料。

热塑性塑料在特定的温度范围内，塑料的加热和冷却过程中发生的是物理变化，反复的加热和冷却不影响它的成分和性能，因此，热塑性塑料可以进行塑化再加工，塑料制品也可以重复回收。常用的热塑性塑料有聚乙烯、聚丙烯、聚氯乙烯、聚酰胺、ABS 等。

热固性塑料在加热成型过程中发生了化学变化，形成了相互交联的网状结构，冷却之后如果再加热将不再软化，不再具有可塑性。但是这种塑料刚度更大、硬度更大、尺寸稳定性好，具有较高的耐热性。常见的热固性塑料有酚醛塑料、氨基塑料、环氧树脂等。

按照用途可分为：通用塑料、工程塑料和特种塑料。

通用塑料产量大、用途广、价格便宜、成型性好，在设计中广为应用，约占塑料总产量的 70% 以上。如聚乙烯、聚丙烯、聚氯乙烯、聚苯乙烯等。

工程塑料具有良好的机械性能，尺寸稳定性好，能够承受一定外力作用，可以用作工程结构，如 ABS、聚酰胺、聚砜等。

特种塑料是指具有特殊功能，满足特殊要求，应用于一些特殊领域的塑料。如导电塑料、医用塑料、发光塑料等。

（三）塑料的基本性能

塑料的优点有：

1）质轻、比强度高

塑料的密度比较低，只有钢铁的四分之一，铝的二分之一，而泡沫塑料的密度更低。强度与密度的比值称为比强度，塑料因为密度小，所以比强度较高，用纤维材料增强的塑料的比强度接近甚至远远超过金属（表 4–2）。

几种金属与塑料的比强度 表 4–2

材料名称	比抗张强度 /10^3cm	材料名称	比抗张强度 /10^3cm
铸铁	134	低密度聚乙烯	155
铝	232	聚苯乙烯	394
铜	502	有机玻璃	415
低碳钢	527	增强尼龙	1340
高级铝合金	1581	尼龙 66	640
高级合金钢	2018	石棉酚醛塑料	2032
钛	2095	玻璃纤维增强环氧树脂	4627

2）透明性好，着色性好

大多数塑料都可以制成透明或半透明制品，而且绝大多数塑料都可以任意着色，并且着色牢固，富有光泽，不易变色。

3）电绝缘性好

大多数塑料在日常情况下都具有良好的电绝缘性，这使得它在日常的电器产品中应用广泛。

4）隔热、吸声性能好

塑料的导热率极小，泡沫塑料的导热率更小，被广泛用作保温隔热材料。塑料还具有良好的消声性，特别是各种泡沫更是常被用作消声材料。

5）化学稳定性好

塑料对于一般的酸碱盐都具有良好的耐腐蚀性，有的特种塑料甚至耐强酸强碱的腐蚀，因此常用于制作成各种药品或溶剂的包装。

6）耐磨性好，自润滑性好

大多数塑料都具有良好的减磨、耐磨性和自润滑性，许多工程塑料制造的耐摩擦零件就是利用的塑料的这种特性。

7）防水性、气密性好

大多数塑料具有良好的防水性和气密性，可以在含水量较大的环境中长期使用。因此可以制作雨衣、水桶等。

8）成型加工性能好

塑料的塑性好，几乎能任意成型，可大批量生产。既适合通过注塑、吹塑、挤压、压制等方法成型，又易于进行切削、焊接等二次加工，加工成本较低。

塑料的缺点有：

1）不耐高温，低温容易发脆

一般塑料仅能在100℃以下正常使用，300℃左右容易分解或软化变形，不易燃烧，但燃烧时会发出有毒气体，低温情况下容易发脆。

2）易变形

它热胀系数较大，温度变化过程中尺寸稳定性差，成型过程中收缩较大，在常温负载下也容易变形。

3）易老化

塑料在长时间使用或储藏过程中，色泽会发生改变，机械性能下降，变脆或者软黏而最终无法使用。

4）污染环境

大多数塑料无法自然降解，燃烧会发出有毒气体，对环境污染后果严重。

（四）常用的塑料

1. 聚乙烯（PE）

聚乙烯是目前产量最大的一种通用塑料，为白色或浅色半透明固体，在塑料中相对密度最小，比水轻，具有良好的化学稳定性和电绝缘性，易加工成型；但是机械强度不高、耐热性差。

根据密度不同分为低密度聚乙烯、中密度聚乙烯、高密度聚乙烯。在农业、电子、机械、包装、日用杂品等领域应用广泛（图 4–1）。

图 4–1　采用聚乙烯制作的凳子

2. 聚丙烯（PP）

聚丙烯是通用塑料中综合性能非常优异的一种，应用广泛。它的强度、硬度和弹性等机械性能均高于聚乙烯，同时具有较高的熔点，长期使用温度为 100 ~ 110℃，可达到 150℃时不变形，化学稳定性和电绝缘性好，尺寸稳定性好，但聚丙烯的冲击韧性差，耐低温及抗老化性也差（图 4–2、图 4–3）。

图 4–2　聚丙烯材料的日用品 a

图 4–3　聚丙烯材料的日用品 b

3. 聚氯乙烯（PVC）

聚氯乙烯具有较高的机械强度和较好的耐蚀性、电绝缘性、价格便宜、成型性好，在各领域中应用广泛。软质聚氯乙烯多用作日用消费品，密封材料等；硬质聚氯乙烯机械强度高，经久耐用，可以作为结构件、壳体、建筑材料等。但是因为热稳定性差，分解时还会放出有毒物质，所以不用于食品。如图 4–4 泳镜的框架即为 PVC。

图 4-4 采用 PVC 的泳镜框架

4. 聚苯乙烯（PS）

聚苯乙烯大多是透明的非晶体材料，尺寸稳定性好、热稳定性好、透光性好、电绝缘性好、耐腐蚀性好，具有一定的机械强度，但是质脆、抗冲击性差。主要用于玩具、文具、光学零件、包装及日用品等。还可以发泡处理制成聚苯乙烯泡沫塑料，广泛用于包装（图 4–5）。

图 4-5 采用聚苯乙烯制作的水杯

5. 聚甲基丙烯酸甲酯（PMMA）

聚甲基丙烯酸甲酯俗称有机玻璃（图 4–6），有着优秀的透光度，耐水性、耐候性、着色性和绝缘性均好，但是表面硬度低、耐磨性差。改性后的有机玻璃为亚克力，表面硬度大大提高，应用广泛，在灯具、包装、文具、办公、广告、展示等领域的透光部分中应用广泛。

6. ABS

ABS 是丙烯腈——丁二烯——苯乙烯的三元共聚物，综合了三种成分的性能，综合机械性能良好，耐冲击，表面硬度高，化学稳定性和电性能良好，同时尺寸稳定，容易电镀，易于成形，耐热性较好，在 –40℃的低温下仍有一定的机械强度（图 4–7）。

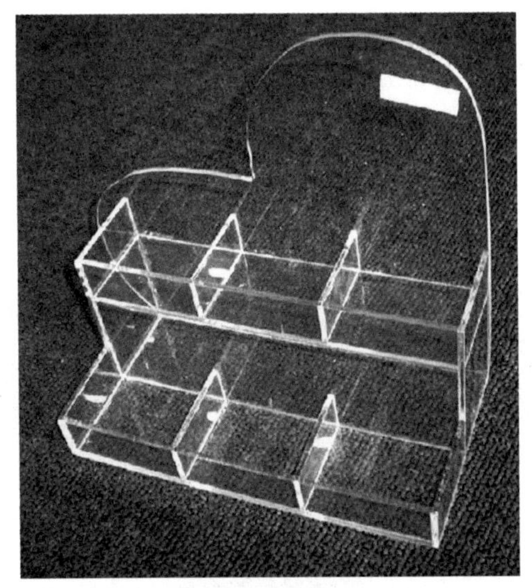

图 4-6　有机玻璃

图 4-7　ABS

7. 聚碳酸酯（PC）

聚碳酸酯具有优良的综合性能，冲击韧性优异，拉伸强度、弯曲强度和压缩强度高，尺寸稳定，耐候性好，电绝缘性好，易于加工成型，但是抗疲劳强度差，耐磨性欠佳。广泛应用于电子、通讯、办公、照明、建筑、医疗、日用消费品等领域（图 4-8）。

图 4-8　聚碳酸酯

8. 聚酰胺（PA）

聚酰胺俗称尼龙或锦纶，通常为半透明或乳白色，具有突出的耐磨性和自润滑性能，机械强度较高，韧性良好，耐腐蚀性好，吸振、消声，抗冲击，成形性能优异。因此可用以制造耐磨、耐腐蚀的各种传动和承载零件，在汽车、机械、电器、纺织、体育用品、包装等领域应用广泛（图 4-9）。

图 4-9　齿轮

9. 聚对二苯二甲酸乙二醇酯（PET）

聚对二苯二甲酸乙二醇酯为乳白色或浅黄色，表面平滑有光泽，绝缘性好、耐疲劳、耐摩擦、尺寸稳定性好，缺点是不耐强酸强碱、抗冲击性差。广泛应用于食品、药品、饮料等的包装（图 4-10）。

图 4-10　PET 材料的使用

二、实施过程

参照第三章中第一节的实施过程。

三、任务小结

通过这一任务的完成，使得学生对于造型常用塑料有了感性认识，了解常用塑料的性能和用途，具备一定的调研的能力，理解产品选择材料的依据，能够根据材料的用途判断材料的基本性能，培养了学生对材料的敏感性。

第二节　塑料件的加工工艺

图 4–11 为一个开瓶器的设计，请同学利用所学知识对此造型进行细节设计。

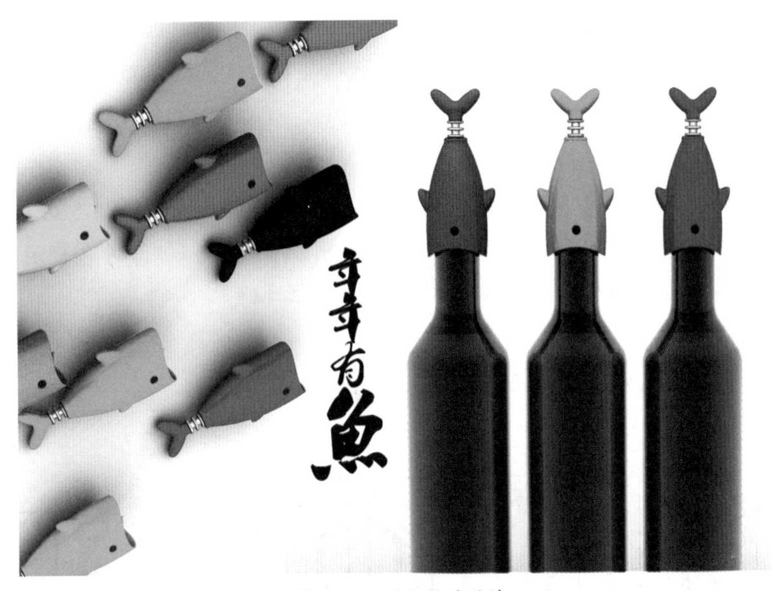

图 4–11　开瓶器的设计

一、基础知识介绍

塑料不仅具有优异的综合性能和经济性能，还具有良好的加工性能，这也是它受到设计师青睐的主要原因之一。塑料的加工分为成型加工、二次加工、表面处理三个主要工序。

（一）成型加工

塑料的成型加工都需要将其加热到粘流态，在流动状态下进行。材料的流动性是选择成型方法和工艺条件的重要因素。

1. 注塑成型

又称注射成型，基本过程是将粉末或颗粒状的材料加入注射成型机的料斗，在热和机械力的作用下使其成为粘流态并以较高压力注入一个预先闭合的模具中，然后经冷却凝固，得到预定形状和尺寸的制品的过程（图 4–12、图 4–13）。20%~30% 的热塑性塑料是用这种方法

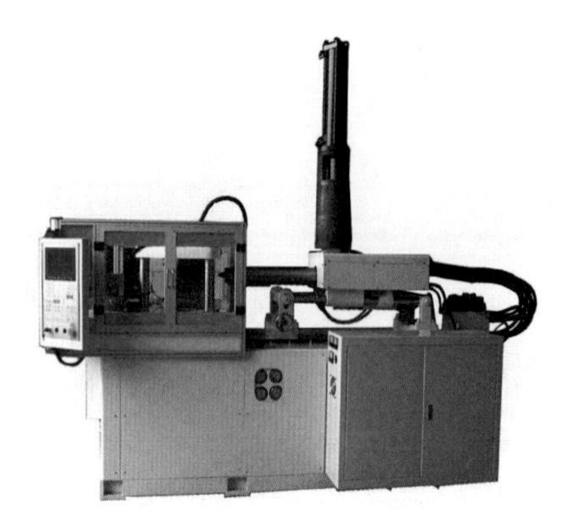

图 4-12 注塑成型机

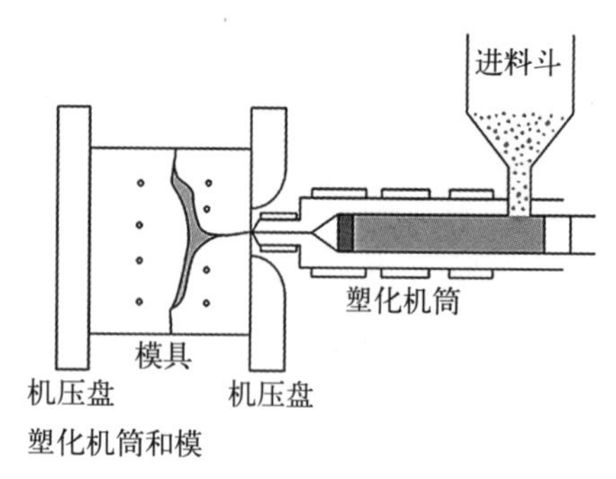

图 4-13 注塑过程

生产的。

注塑成型生产周期短，一般仅需 30~60s，可以一次性成型形状复杂、带有嵌件、尺寸精确、质量稳定的制品。但是由于模具成本较高，所以比较适合大批量生产，另外制品的尺寸受模具和设备的限制。

2. 吹塑成型

吹塑成型是用挤出、注射等方法制出的管状型坯，然后将压缩空气通入处于热塑状态的型坯内腔中，使其膨胀成为所需形状的塑料制品。吹塑成型制品外观好、重量稳定、尺寸精确、废边少。主要用于生产中空的塑料制品或塑料薄膜（图 4-14）。

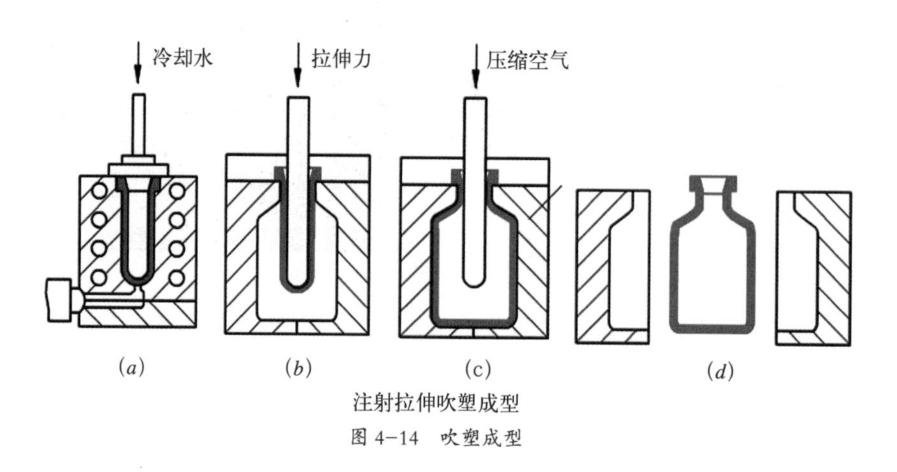

图 4-14 吹塑成型

3. 压制成型

压制成型主要用于热固性塑料的生产，有模压和层压两种方法。

模压成型又称压塑成型，其方法是将粉末或颗粒状的材料放入加热的阴模中，然后合上阳模并加热加压使材料充满整个型腔，再冷却脱模。压制成型是热固性塑料和增强塑料的主要成型方法（图 4-15）。

模压成型尺寸精确、质地致密，内外表面平整，没有浇口，设备较简单，制品尺寸较大。但是生产周期长、效率低、不能成型形状复杂的制件。

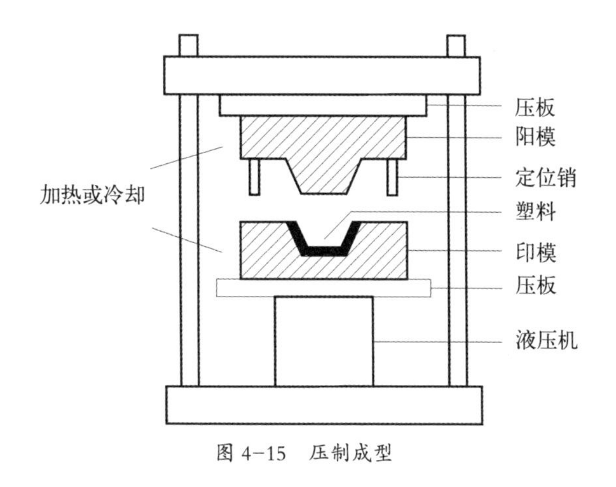

图 4-15　压制成型

层压成型是在加热、加压条件下将浸渍过树脂的多层相同或不同的片状材料结合为整体的成型方法，是制造增强塑料和制品的一种重要方法，还适用于橡胶和木材的加工。层压制品同样质地密实，表面平整光洁，且生产效率较高。

4. 挤出成型

挤出成型又称挤塑或挤压成型，是将原料加入料斗，通过热和机械力的作用，熔融并通过挤出机的口模而形成截面与口模形状相仿的连续造型的方法。用于生产各种管材、片材、板材、薄膜等制品以及各种实心及空心的异型材料（图 4–16）。

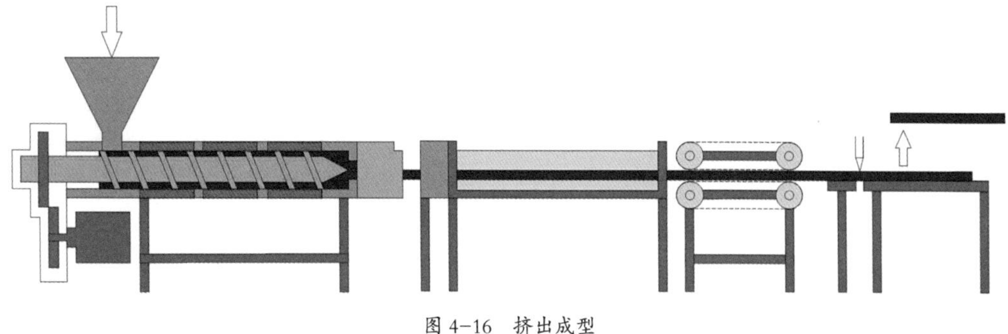

图 4-16　挤出成型

5. 压延成型

压延成型是将原料经过一系列的加热压辊，在其挤压和延展的作用下连接成为片材或薄膜的加工方法。主要用于生产各种片材、薄膜、人造革、壁纸、带涂层的其他材料等（图 4–17）。

图 4-17　压延成型示意图

6. 滚塑成型

滚塑成型又称旋转成型，是将粉末或糊状原料加入塑模中，然后加热模具并使之绕相互垂直的两个轴连续旋转，原料在热和重力作用下逐渐均匀分布于模具内表面然后冷却脱模得到制品的方法。适用于各种形状复杂的中空制品，模具简单、成本低，但是生产效率低，仅适合小批量生产（图 4–18）。

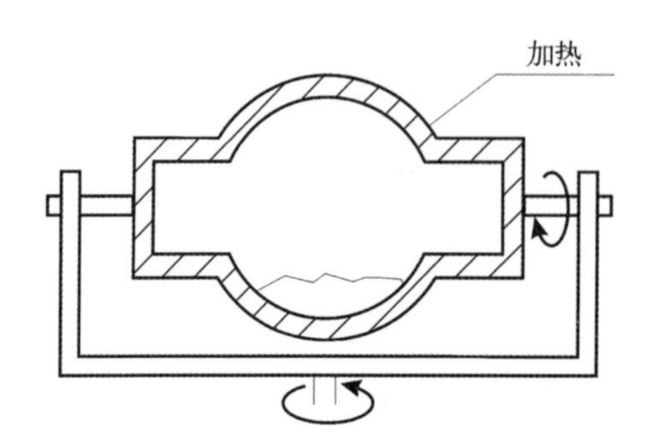

图 4–18　滚塑成型示意图

7. 铸塑成型

铸塑成型又称铸塑，是由金属的铸造工艺演变而来的，是将液态的原料，依靠其自身重力，填充满模具，进而固化成型的方法。成本低、工艺简单、适用于流动性好而又收缩性大的材料。

8. 发泡成型

发泡成型是塑料加工的重要方法之一，是在塑料原料中加入发泡剂而得到的制品，又称微孔塑料。有硬质泡沫塑料、半硬质泡沫塑料和软质泡沫塑料之分。它质轻、比强度高、气孔率大，是优良的保温、隔热、吸声材料。在服装、箱包、家具、建筑甚至国防等领域当中有着广泛的应用。

（二）塑料件的结构与工艺设计

1. 形状

塑件的内外表面形状应尽可能保证有利于成型。避免侧凹槽或与塑件脱模方向垂直的孔（图 4–19）。

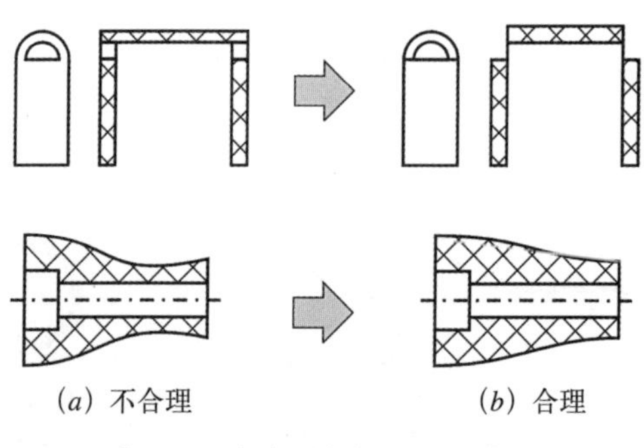

图 4–19　塑件设计要保证利于成型

2. 壁厚

塑料件要有合理的壁厚，以保证强度、性能、嵌件、存储运输等的需要。壁厚过小，强度及刚度不足，塑料流动困难；壁厚过大，原料浪费，冷却时间长，易产生缺陷。

另外塑料件的壁厚要遵循均一的设计原则（图 4–20）。

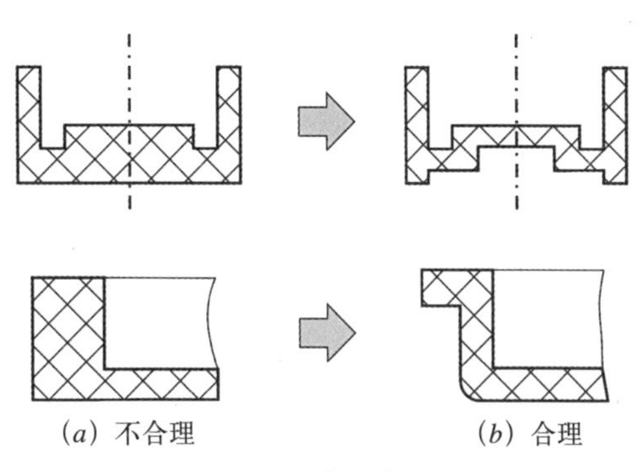

（a）不合理　（b）合理

图 4–20　塑料壁厚要均一

3. 脱模斜度

为了便于脱模，必须在塑料件内外表面脱模方向上留有足够的脱模斜度，一般取 30′～ 1°30′（图 4–21）。

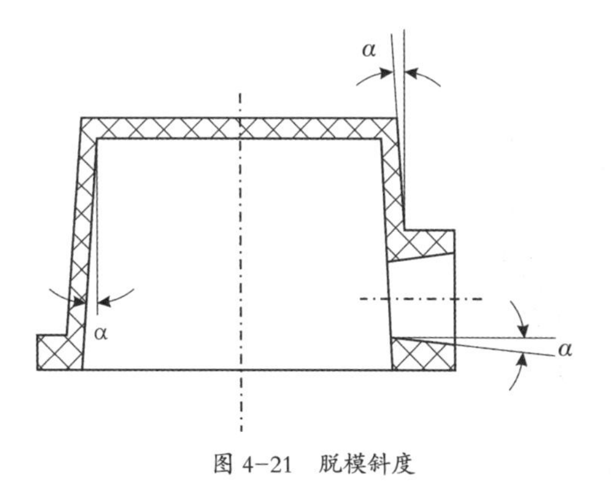

图 4–21　脱模斜度

4. 加强筋

在结构设计过程中，如果出现悬出面过大，或跨度过大的情况，则需要在两结合体的公共垂直面上设计加强筋以增加结合面的强度，防止变形和翘曲。适当地使用加强筋，能够节省材料、减轻重量（图 4–22）。

图 4–22　加强筋的使用

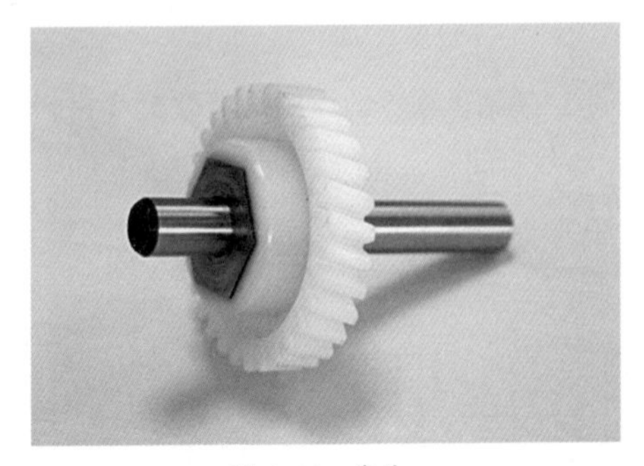
图 4-23 嵌件

图 4-24 模塑成型的螺纹

图 4-25 嵌件螺纹

图 4-26 塑件上的文字、花纹 a

5. 圆角

应该将塑料件的转角设计成圆角或用圆弧过渡，以提高强度，同时有利于充模和脱模。

6. 孔

制件上的孔有通孔、盲孔、光孔、螺纹孔等。可以在成型时一次性加工出来，也可以通过二次加工获得。

7. 嵌件

嵌件是压入塑料件内的不可拆卸的其他零件，可以是金属、玻璃、木材等，用以提高塑件的强度、耐磨性、精度和稳定性等，同时起导电、导热、导磁等作用（图 4–23）。但同时也会提高塑料件的成本，降低效率，也给产品的回收拆卸带来不便。

8. 螺纹

塑料件上的螺纹可以用模塑的方法成型出来，也可以用切削的方法获得。经常拆装或受力较大的螺纹需要采用金属嵌件（图 4–24、图 4–25）。

9. 文字、花纹、符号

塑料件上的文字、花纹、符号等可以制作成凸字、凹字或是凹坑凸字（图 4–26、图 4–27）。

（三）二次加工

1. 机械加工

利用锯、切、车、铣、磨、刨、钻、螺纹加工等方法对塑料进行加工就是机械加工，塑料的机械加工与金属的机械加工大致相同。但是塑料导热性差，加工过程中散热不良，容易软化、发黏，再加上塑料弹性大，所以机械加工误差较大，所以应充分考虑材料的特性，选择正确的加工方法、刀具和速度。

2. 热成型

热成型是用塑料片材、棒材、管材等半成品，通过加热软化，然后通过压力使其贴向模具表面，形成与模具相仿的形状，然后冷却定型得到制件的方法。

3. 连接

塑料的连接大体上可以分为机械连接、化学粘接和焊接三种。

1）机械连接

借助机械力使塑料部件之间或与其他材料的部件间形成连接的方法都称之为机械连接。

2）化学粘接

使用溶剂和黏合剂使塑料部件之间或与其他材料的部件之间形成连接的方法称为化学粘接。

3）焊接

利用热的作用，使塑料连接处发生熔融，并在一定压力下黏接在一起的方法，也称为热熔焊接。

图 4-27　塑件上的文字、花纹 b

二、实施过程

此开瓶器由瓶口罩、针体、旋转手柄三个部分组成（图 4–28）。

（一）成型方法、材料的选择

此开瓶器为仿生造型，除了曲面造型外，还有嵌件、孔、螺纹等，比较复杂，使用过程中需要承受一定的外力，材料选择 ABS 塑料，既能满足较高强度的需要，又便于使用注塑工艺成型。

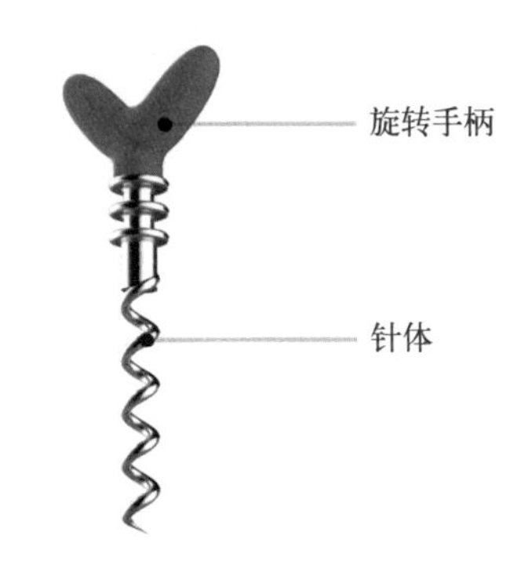

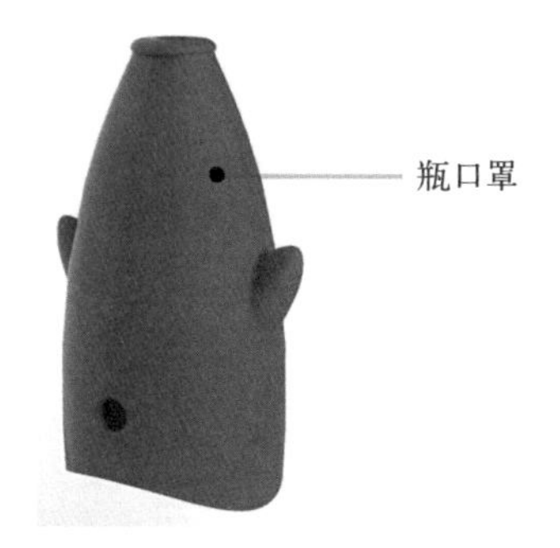

图 4-28　开瓶器构造

（二）根据成型工艺分析造型的合理性

造型由两部分组成，一是旋转手柄，体现为鱼的造型的尾部；二是瓶口罩，体现为鱼的身体部分；两部分之间连接的是针体。从效果图上看，针体为金属材质，旋转手柄和瓶口罩为塑料材质能够满足功能需求。

1. 旋转手柄部分

旋转手柄是直接作用力的部分，强度要求较高，而且需要带动金属针体对酒瓶的软木塞做进给运动，直接扎入软木塞中，因此与针体间的连接强度要求很高，需要将针体作为旋转手柄的嵌件直接嵌入，在旋转手柄成型过程中一次性成型。为了保证使用过程中能够承受较大的力，所以这部分需要制作成实心结构，采用注塑成型的方法成型，成型过程中旋转手柄平均分布于两侧模具，以便于脱模，如图 4–29 所示。

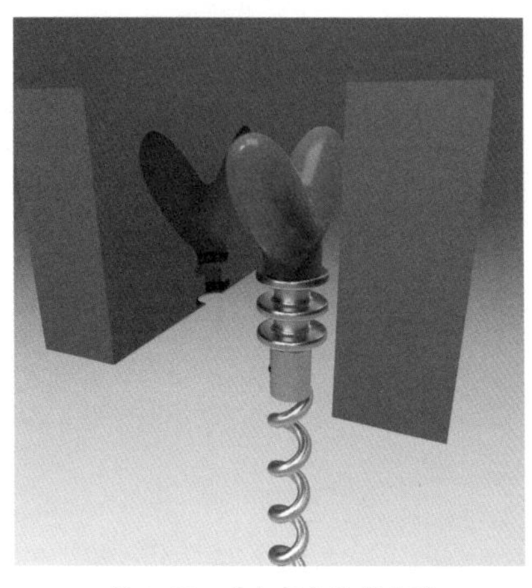

图 4-29　手柄部分注塑成型

图 4-30 调整后的瓶口罩

图 4-31 创建加强筋

2. 瓶口罩部分

瓶口罩部分应该作为一个整体一次成型，以保证强度的需要。它的造型上小下大，但是鱼嘴的部分略微往里收，不便于脱模，鱼鳍的造型在脱模方向上凸起，会妨碍脱模，所以这个造型应该予以适当调整。内部应适当设计加强筋以保证结构强度并给酒瓶定位，调整后如图 4-30、图 4-31 所示。

3. 孔及螺纹

在瓶口罩的顶部需要有带螺纹的孔，与旋转手柄和针体有一个配合，保证对针体有较为准确的方向引导。这个孔可以通过注塑成盲孔，再二次加工成螺纹孔。

三、任务小结

通过此任务的实施，学生了解了塑料的成型及加工工艺，并根据工艺要求对产品造型予以改进。

第五章　木材及加工工艺

【学习任务】

1. 编写木材调研表格

2. 儿童座椅造型分析

【任务目标】

学习木材的分类、性能、用途、成型工艺等知识，并运用到产品设计中去。

【任务要求】

能够积累一定量的木材知识，并了解木材的成型工艺，且运用到产品造型设计中去。

第一节　认识木材

请同学们从器皿、电子产品、家电、家具、交通工具、包装、建筑等领域中寻找木材的应用，并编写调研表格。格式如表 5-1：

木材调研整理　　表 5-1

序号	应用范例	材料名称	材料性能	相似用途	应用范例	材料印象
1						
2						
3						
…						

一、基础知识介绍

木材是人类最早使用的造型材料之一，在生活、生产、甚至交通运输等方面广泛应用，见证着人类文明进步的步伐。时至今日，木材仍然因其独特的质感和肌理受到人们的喜爱，在造型材料中占据着独特的地位。

（一）木材的特性

1）质轻

木材的密度因树种不同而有较大差异，多在 $0.3\sim0.9g/cm^3$ 之间，与金属、玻璃、陶瓷等材料相比，要小得多。

2）有天然的色泽和美丽的花纹

木材天然的色泽和纹理，有着很强的装饰性，不同的树种色泽和纹理差异较大，同一树种不同的切面差异也较大，可以通过旋切、刨切等加工拼装组合成美丽的图案（图 5-1）。

图 5-1　木材纹理

3）具有调湿特性

当空气湿度较大时，木材能够吸收空气中的水分，当空气干燥时，木材也能够放出水分，起到对于湿度的自动调节的作用。

4）隔声吸声性

木材主要是由木质素和纤维素组成的，是一种多孔性材料，具有良好的吸声隔声功能。

5）具有可塑性

木材经过加热或施加一定压力后，可以使木材具有一定形状，可以使弯木变直，也可以使直木变弯。

6）易加工和涂饰

木材易锯、易刨、易切、易打孔、易组合加工成型，且加工比金属方便。木材对涂料的附着力强，易于着色和涂饰。

7）对热、电具有良好的绝缘性

木材的热导率小，导电率小，可做绝缘材料，但随着含水率增大，其绝缘性能降低。

8）易变形、易燃

木材由于干缩湿胀容易引起构件尺寸及形状变异和强度变化，发生开裂、扭曲、翘曲等弊病。

木材的着火点低，容易燃烧。

9）各向异性

木材是具有各向异性的材料，它的构造在各个方向是不同的，因此，它在各个不同方向上的物理、力学性能也有所不同。即使是同一树种的木材，因产地、生长条件和部位不同，其物理、化学性质差异很大。使之使用和加工受到一定的限制。

10）成才缓慢、价格昂贵

木材的获得主要靠树木的生长，木材生长缓慢，尤其是一些稀有品种，更是如此。同时还价格昂贵。

11）易腐蚀、虫蛀，且存在天然缺陷

木材在生长、存储和使用的过程中，容易受到菌、虫的侵蚀而受到破坏。木材在生长过程中受到自然环境的影响，而存在诸如木节、弯曲等天然缺陷。

（二）木材的分类

1）原木

原木是指采伐的树干经过去枝去皮后按规格锯成的一定长度的木材。常用的木材品种有：松木、杉木、樟木、桦木、榉木、水曲柳等，另外还有比较名贵的楠木、酸枝木、花梨木等（图 5-2）。

2）人造板材

利用原木及原木加工的废料甚至是以其他植物纤维等为原料，经过机械或化学处理制成的接近木材性能的具有一定尺寸规格的板材，称为人造板材。

（1）胶合板

胶合板是用奇数层的薄单板按相邻层木纹方向以相互垂直的方式加胶热压而成的板材（图 5-3）。它克服了原木各向异性的缺陷，幅面大且平整美观，不易开裂和翘曲。并且因为采用

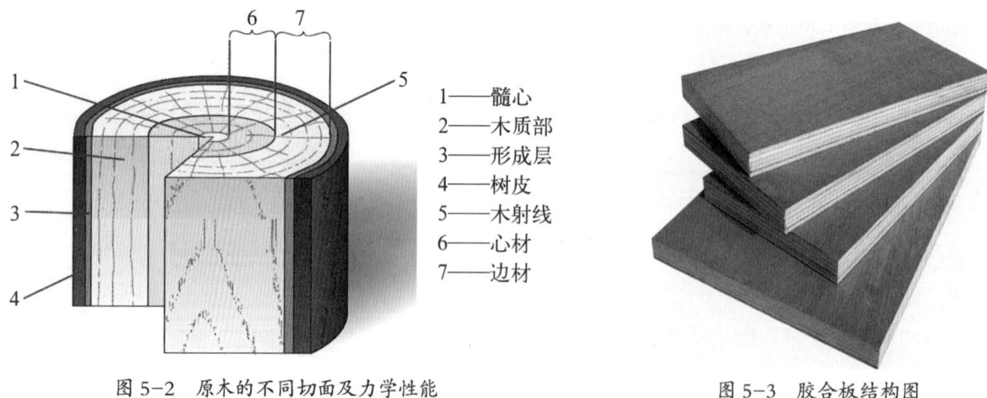

图 5-2　原木的不同切面及力学性能

图 5-3　胶合板结构图

了胶合剂，所以具有一定的防火性和防蛀性。广泛用作家具、室内、船舶、车辆的内装饰。

（2）刨花板

刨花板是用木材加工的废料碎木、刨花等加胶热压而成的板材。有单层结构刨花板、三层结构刨花板、多层结构刨花板等。刨花板幅面大、表面平整，纵横面强度一致，易于加工，隔热隔声性能好，但是不耐潮。广泛用于家具、室内装饰、包装等，还可用作吸声、隔热保温材料（图 5-4）。

（3）细木工板

细木工板是用短小木条拼接，两面再胶合两层薄单板制成的板材。它结构稳定、坚固耐用、不易变形、表面平整、幅面大，广泛用作家具、门窗、壁板等（图 5-5）。

（4）纤维板

纤维板又称密度板，是利用木材加工的废料或其他的植物纤维为原料，经分离、浸泡、制浆、成型、热压、干燥等工序制成的板材。有软质纤维板、中密度纤维板、和硬质纤维板之分。它材质均匀、表面光滑平整、幅面大、各向强度一致，隔热，隔声，保温，绝缘，易于加工，但是握钉力差。用于制作家具和室内装修，还可用作隔热、隔声、保温和绝缘材料（图 5-6）。

图 5-4　刨花板

图 5-5　细木工板

图 5-6　纤维板

二、实施过程

参照第三章中第一节的实施过程。

三、任务小结

通过这一任务的完成，使得学生对于造型常用木材有了感性认识，了解常用木材的性能和用途，具备一定的调研能力，理解产品选择材料的依据，能够根据材料的用途判断材料的基本性能，培养了学生对材料的敏感性。

第二节　木材的加工工艺

图 5-7 为一个儿童座椅的设计，请同学利用所学知识对此造型进行细节设计。

图 5-7　儿童座椅设计

一、基础知识介绍

木材是人类使用历史最长的材料之一，在这个过程中，也发展出了多种加工的方法。概括起来木材的加工方法包括以下几种：

（一）木材的切削加工

1. 锯割

锯割是用锯条沿与材料相互垂直的方向往复运动，从而切断材料的加工方法。常用的锯有带锯、圆锯、框锯、钢丝锯、链锯等，是木材加工中使用最频繁的一种加工方法，在截断、开榫、分解等时都会用到锯割（图 5-8~ 图 5-13）。

图 5-8　框锯　　图 5-9　手板锯　　图 5-10　线锯

图 5-11　链锯　　图 5-12　圆锯　　图 5-13　带锯

2. 刨削

刨削与金属的刨削基本原理一致，是用刨刀与工件的相对直线运动完成切削的加工方法。可以加工平面、槽口、线角等，从而获得表面光洁、尺寸精确的形状，有手工和机加工两种，但总的来说工作效率较低（图 5–14、图 5–15）。

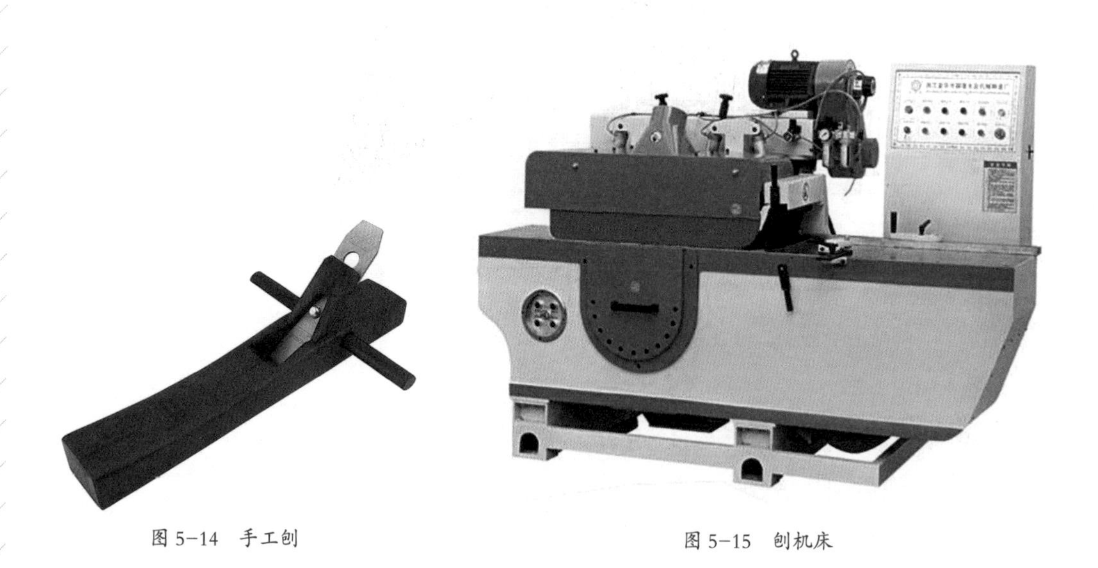

图 5-14　手工刨　　图 5-15　刨机床

3. 凿削

用凿子加工榫孔或其他类型孔的加工方法（图 5–16）。

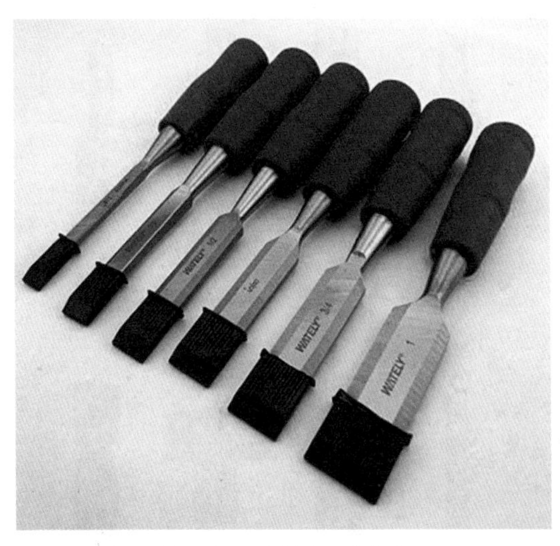

图 5-16　不同尺寸的凿子

4. 铣削

铣削加工与金属的铣削加工原理一致，是用铣刀做圆周运动的同时做进给运动，对材料进行加工的方法，是一种万能设备，可以用于加工平面、成型面、雕花、回转体、榫、槽等（图 5-17）。

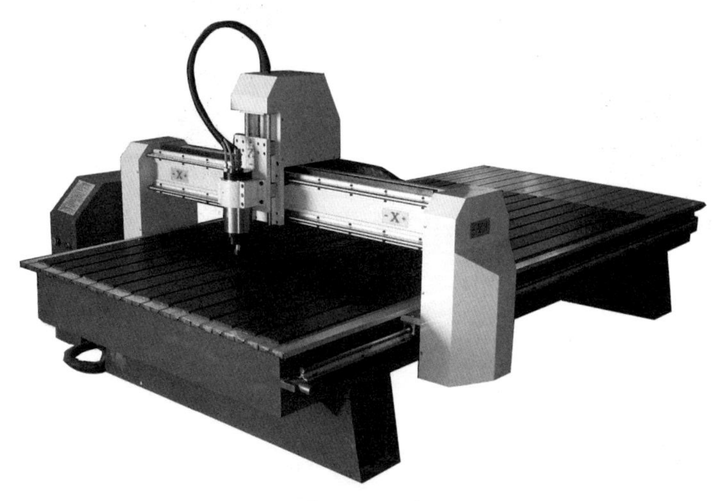

图 5-17　铣床

5. 钻削

钻削是利用钻头的旋转和进给进行加工的一种方法。可以用于加工圆孔、方孔、通孔、盲孔、开槽等（图 5-18~ 图 5-20）。

6. 磨削

磨削是用砂纸、砂布和砂轮等与工件相对摩擦，将木质工件表面进行加工，从而获得一定光洁度和平直度的表面的加工方法。不仅可以加工平面，也可用于加工曲面，是木材精密

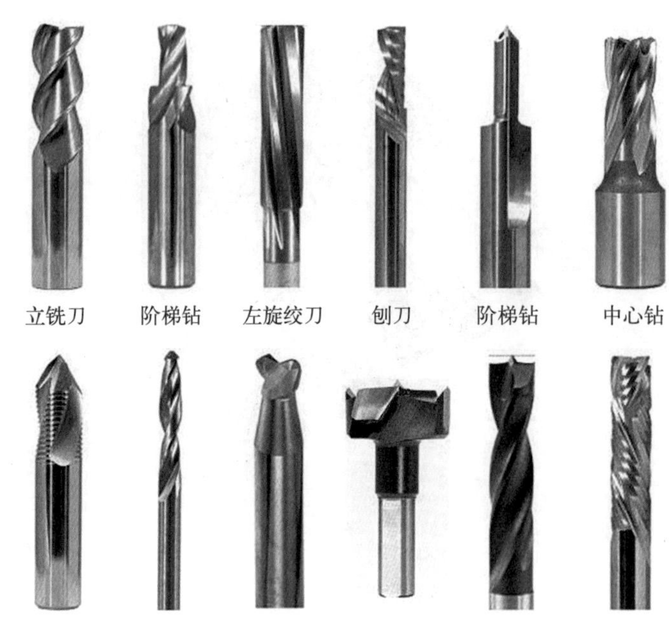

图 5-18　钻头

图 5-19　手工钻

图 5-20　电钻

图 5-21　经木材弯曲后制成的座椅

加工的一种方法。

（二）木材的弯曲

如图 5-21 所示的很多产品或部件都需要将平直木材进行弯曲。木材的弯曲需要将木材蒸煮或其他软化处理后，再加压弯曲，然后干燥定型得到制件的一种方法。

（三）木材的连接与装配

1. 榫卯连接

榫卯连接是一种传统并且使用广泛的连接方式，是将榫头压入榫眼或榫槽内，将两个制件连接起来的接合方法。按形状不同有：直角榫、燕尾榫、圆榫、椭圆榫等；按榫头的数目不同有：单榫、双榫、多榫；按榫头与方材间是否分离分为：整体榫和插入榫；根据接合后是否能看到榫头的侧边分为：开口榫、半开口榫、闭口榫；根据榫头贯通与否可以分为：明榫和暗榫（图 5-22）。

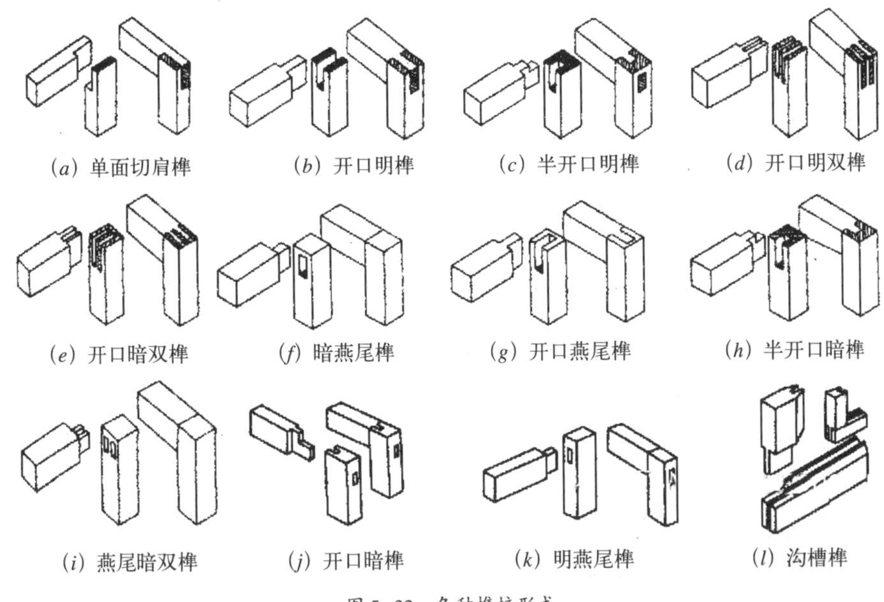

图 5-22　各种榫接形式

2. 胶接

胶接是借助于胶层将木构件连接在一起，这种连接方法牢固、美观、简便，最常用的胶粘剂是聚醋酸乙烯酯乳胶液，俗称白乳胶或白胶（图 5-23）。

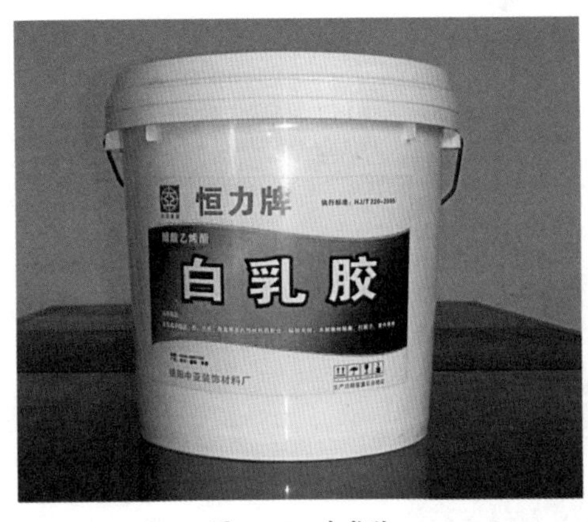

图 5-23　白乳胶

3. 钉接

钉接是借助钉与木材间的摩擦力将两个或多个木质构件连接在一起的方法。除了常用的金属钉外还有竹钉、木钉等（图 5-24、图 5-25）。

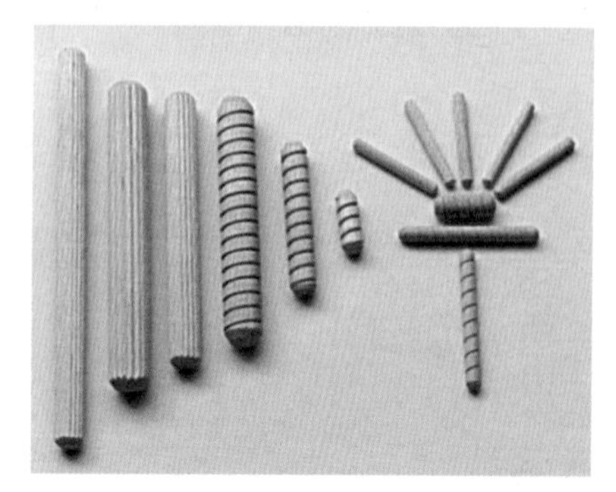
图 5-24 木钉

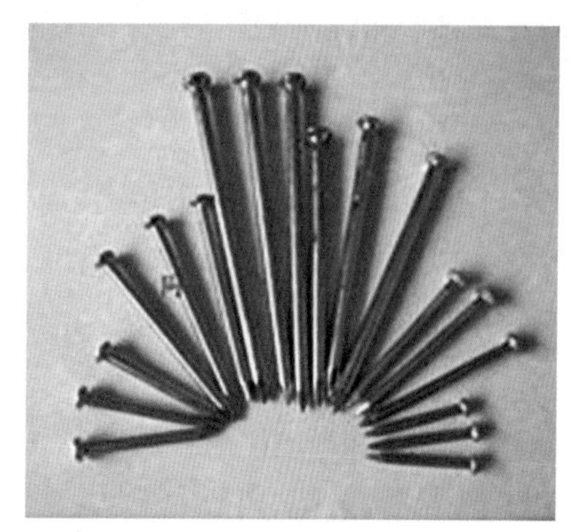
图 5-25 铁钉

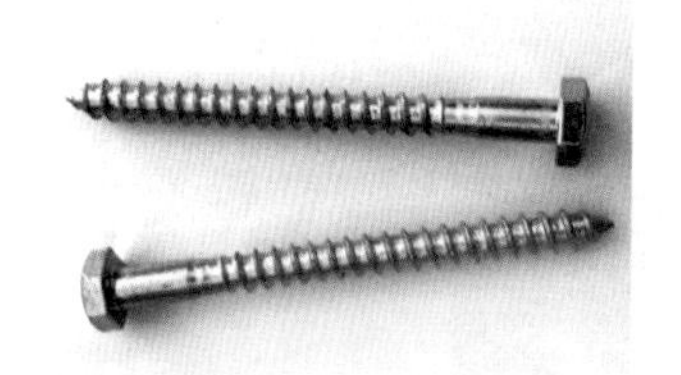
图 5-26 木螺钉

图 5-27 常用的连接件

4. 螺纹连接

螺纹连接是借助于螺纹与木质材料之间的摩擦力将多个构件连接在一起的方法，因为简单、方便、便于拆卸，所以应用广泛（图 5-26）。

5. 五金件连接

将两个或多个木质构件利用五金件进行连接，拆装方便、结构简单、利于包装、运输和存储。五金件种类繁多、规格各异，常用的倒刺式、螺旋式、偏心式、拉挂式等（图 5-27~图 5-29）。

（四）木材的表面处理

1. 涂饰

涂饰是将涂料涂于木材表面，从而形成具有一定附着力的涂层，对木材形成保护和装饰的作用。用于木质材料的涂料种类繁多，有透明涂料、半透明涂料和不透明涂料之分；也有亮光涂料和亚光涂料之分（图 5-30）。

2. 覆贴

覆贴是用粘合剂将面饰材料粘贴在木制品表面的装饰方法。常用的面饰材料有纸张、薄木、聚氯乙烯、三聚氰胺、人造革等多分子材料（图 5-31）。

3. 烫印

烫印是利用热烫原理，在压力作用下将文字、LOGO、商标、标志、标识、图案、花纹等印于木制品表面。这种方法价格便宜、经济实惠、可手工操作也可机械加工，适用性强（图 5-32）。

4. 机械加工

机械加工是用切削的方法或用模具在压力加工下对木材表面进行装饰性加工。

5. 化学镀

利用化学反应的方法在木材表面上形成镀层的表面处理方法。

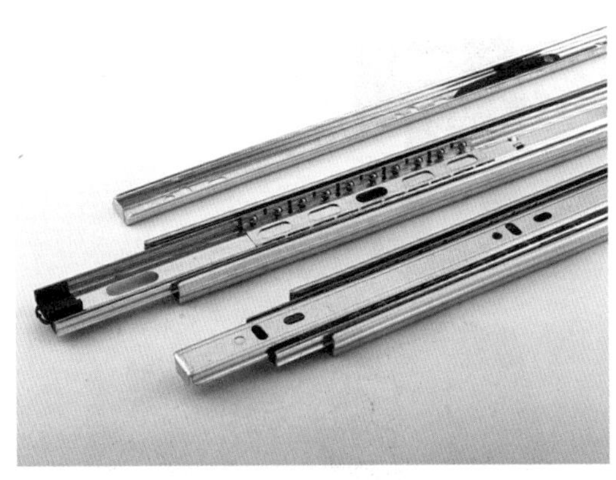

图 5-28　五金件 a

图 5-29　五金件 b

图 5-30　涂饰

图 5-31　覆贴

图 5-32　烫印

二、实施过程

1. 整体形态的分析

从效果图上看，这个儿童椅完全由实木制成，憨厚、可爱，座面下的抽屉是一个收纳空间。造型基本符合木制品的结构要求。但是椅子腿木料使用方向需要调整，原木有各向异性，如上图所示的用料再加上向外倾斜的椅腿使得这一部件的强度降低，容易折断。应修改如图 5-33。

2. 连接分析

木材有多重连接方法，传统的榫卯连接、钉接、螺纹连接等。椅子的靠背处使用螺纹连接的方法简便、可靠，同时能够保证正面光洁。倾斜的椅子腿和座面之间连接需要借助一个

图 5-33 修改后的儿童座椅

图 5-34 座椅结构分析

相应角度的木质构件以螺纹连接的方法连接。抽屉需要设计滑动的轨道。改进后结构如图 5-34 所示。

三、任务小结

通过此次任务学习了木材主要的成型加工方法及表面处理工艺，能够运用所学知识分析产品造型设计的合理性，并予以改善。

第六章　陶瓷及加工工艺

【学习任务】

1. 编写陶瓷材料调研表格

2. 不同形状器皿成型方法分析

【任务目标】

学习陶瓷材料的分类、性能、用途、成型工艺等知识，并运用到产品设计中去。

【任务要求】

能够积累一定量的陶瓷材料知识，并了解陶瓷材料的成型工艺，且运用到产品造型设计中去。

第一节 认识陶瓷材料

请同学们从器皿、电子产品、家电、家具、交通工具、包装、建筑等领域中寻找陶瓷材料的应用，并编写调研表格。格式如表 6–1：

陶瓷材料调研整理 表 6–1

序号	应用范例	材料名称	材料性能	相似用途	应用范例	材料印象
1						
2						
3						
…						

一、基础知识介绍

陶瓷是人类历史上最早利用的材料之一，是将黏土、长石、石英、高岭土等材料成型后高温烧结而成的，是陶器、瓷器和炻器的总称。

陶瓷材料发展到现在指的不仅是传统意义上的陶瓷，现在将所有经过高温热处理工艺合成的无机非金属固体材料统称为陶瓷。

1. 陶瓷的性质

1）具有良好的光泽和外观

陶瓷制品一般平整光滑，具有良好的光泽度，也可以制作成粗糙的肌理，可以实现多种艺术效果。

2）耐热性

陶瓷具有非常好的耐热性，熔点大多在 2000℃以上，热胀系数较小、导热率低。

3）硬度好、耐磨性好

陶瓷具有很高的硬度，仅次于金刚石，远远高于其他材料。同时具有良好的耐磨性。

4）化学稳定性好

陶瓷的耐酸性良好，耐大气腐蚀的能力也较好。

5）塑性低、韧性差、脆性大

陶瓷成型后，在常温条件下几乎无法塑性变形，冲击韧性差，脆性大，受到冲击易碎。

6）电绝缘性好

多数陶瓷具有优异的电绝缘性，少数特种陶瓷可以是半导体，在电工领域中应用广泛。

2. 陶瓷的分类

陶瓷可以分为传统陶瓷和特种陶瓷。

传统陶瓷又可以分为普通日用陶瓷和工业陶瓷。

普通日用陶瓷有良好的光泽度、透明度，机械强度较高，还有较好的热稳定性，适合用作日常的各种器皿（图 6–1~ 图 6–3）。

图 6–1 日用陶瓷 a

图 6–2 日用陶瓷 b

图 6-3　日用陶瓷 c

普通工业陶瓷通过增加一些氧化物来改善材料的性能，被广泛地用作建筑卫生领域、化工、制药、食品、电工等工业，应用了陶瓷的较高的机械强度、耐腐蚀性好、电绝缘性好、热稳定性好等特征（图 6-4、图 6-5）。

特种陶瓷也叫现代陶瓷、精细陶瓷或者高性能陶瓷。氧化物陶瓷突出的耐高温性能，碳化物陶瓷突出的硬度和耐磨性，硼化物陶瓷突出的耐化学侵蚀能力和氮化物陶瓷突出的耐磨性和自润滑性而被广泛用作耐火材料、研磨材料、耐腐蚀元件和耐磨元件（图 6-6、图 6-7）。

图 6-4　建筑卫生陶瓷 a

图 6-5　建筑卫生陶瓷 b

图 6-6　特种陶瓷 a

图 6-7　特种陶瓷 b

二、实施过程

参照第三章中第一节的实施过程。

三、任务小结

通过这一任务的完成，使得学生对于造型常用陶瓷材料有了感性认识，了解常用陶瓷的性能和用途，具备一定的调研能力，理解产品选择材料的依据，能够根据材料的用途判断材料的基本性能，培养了学生对材料的敏感性。

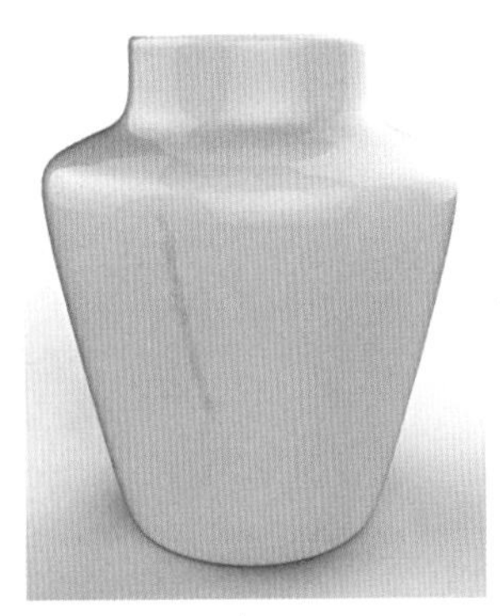

图 6-8　造型一

第二节　陶瓷材料的成型方法

请同学判断以下四个造型可能用到的成型工艺（图 6-8~ 图 6-11）。

图 6-9　造型二

一、基础知识介绍

（一）成型加工

1. 可塑成型

可塑成型是利用陶瓷材料的可塑性，在外力作用下使之发生塑性变形而制成坯体的成型方法。分为拉坯、旋压、滚压、泥板成型、泥条盘铸、印坯等。

图 6-10　造型三

拉坯——完全由手工在轱辘机上拉制出坯体成型的方法。这种成型方法劳动强度大、技术要求高、成型精度不高、不适合大批量的生产（图 6-12）。

图 6-11　造型四

图 6-12　拉坯

旋压——使用样板刀挤压、刮削或剪切置于旋转石膏模型中的坯料而成型的方法。成型设备简单，是日用陶瓷的主要成型方法之一（图 6-13）。

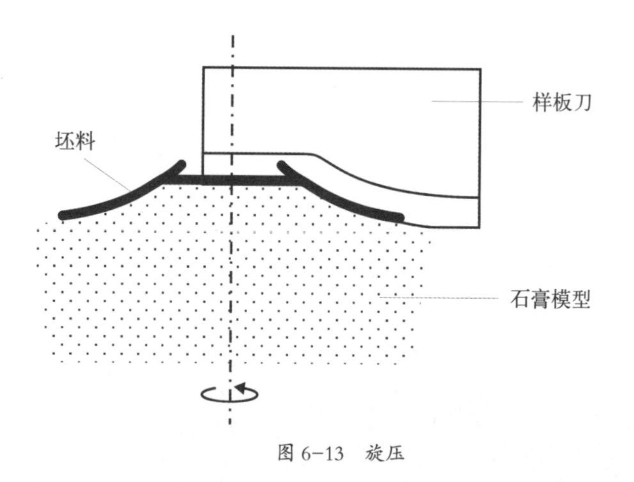

图 6-13　旋压

滚压——利用旋转的滚头和同方向旋转的置于模型中的坯料进行滚压，使之均匀展开，从而获得坯体的成型方法（图 6–14）。

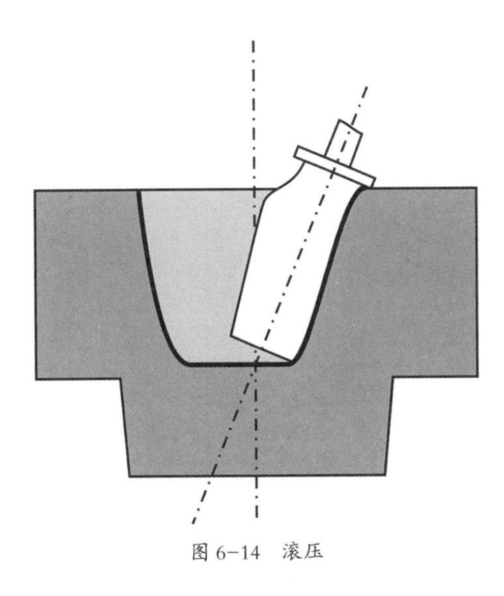

图 6-14　滚压

泥板成型——先将坯料制成泥板，然后经过切割、导角、变形、粘接、修整等工序成型的方法。这种成型方法适用范围极广，既可制作日用陶瓷，也可制作大型雕塑作品。

泥条盘铸-——先将坯料制成泥条，然后根据造型的需要将其层叠盘制成型的方法。这种方法适用范围广，可以制作各种类型和尺寸的形态（图 6–15）。

图 6-15　泥条盘铸法

印坯——用软泥在模具中翻印制品的方法，通常适用于形状复杂不对称，而且精度要求不高的制品。

2. 注浆成型

将泥浆注入石膏模具，利用石膏的吸水性，形成贴合模具的薄泥层，然后干燥成型的方法。这种方法适应性强，形状复杂的、体积较大且尺寸要求不严格的、不规则的、薄的等都可以用这种方法成型（图 6–16）。

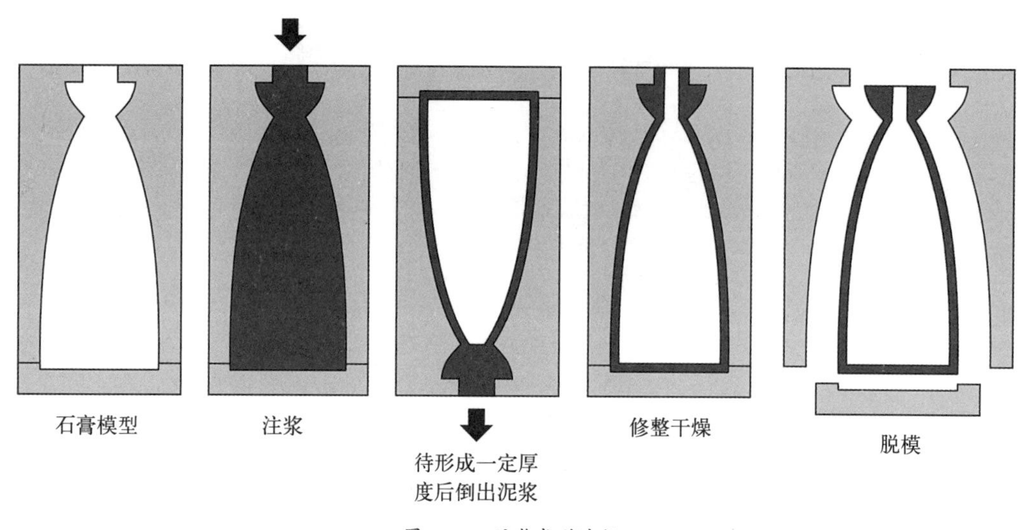

图 6–16　注浆成型过程

3. 干压成型

将含水量少的坯料放入模具中加压而形成坯体的方法。这种方法操作简单、效率高、尺寸精确、便于机械化生产，对于形状简单、小型的产品比较适用。

陶瓷的成型方法还有等静压成型、热压铸成型等。

4. 挤压成型

使用挤压工艺，将已经加工好的原料制成湿泥团（水分约 20%~23%），然后利用挤压机，挤出具有固定截面形状的泥条，然后再进行切割的成型方法。这种方法经常需要配合后续的加工。

5. 等静压成型

等静压成型又称静水压成型，是利用液体压强均匀传递的特性对坯体进行压制的成型方法。这种方法可成型大件、形状复杂、细长的制品，成本低、制造方便。

6. 热压铸成型

热压铸成型又称热压注成型，是在一定高温下将瓷料和石蜡组成的浆料注入金属模具中在一定压力下成型，冷却脱模后再进行脱蜡处理而得到最终制品的成型方法。

（二）表面装饰

1. 坯体装饰

利用坯体的特征，在其表面进行加工，形成凹凸、虚实及色彩变化的装饰。如堆、贴、塑等贴加的方式，切削、镂空、刻划等消减的方式，拍印、模印、滚印等印纹制作的方式和绞胎、研花等陶瓷特有的装饰方式（图 6–17）。

图 6–17　坯体装饰

2. 釉彩装饰

釉彩装饰是指对陶瓷的表面施釉或彩绘而得到表层色彩、肌理、图案等的装饰（图 6–18）。

图 6–18　釉彩装饰

3. 贵金属装饰

贵金属装饰是指用金、银、铂等贵金属对陶瓷进行装饰。

二、实施过程

1. 造型一：特点是口小肚大，适合滚压成型的方法。

2. 造型二：为碗形，侧面曲线为S形，如图所示，既可以用滚压成型的方法，也可以用旋压成型的方法。

3. 造型三：是一个碟子的造型，侧面曲线比较简单，为直线，使用旋压成型的方法，成型设备简单，模具成本较低。

4. 造型四：是一个圆角正方形碟子的造型，不适合用旋压成型，但此造型深度非常小，弧度非常大，造型简单、尺寸小，可以使用干压成型的方法。

三、任务小结

通过此次任务的执行，学生了解了陶瓷常用的成型方法。能够根据造型选择适用的成型方法。

第七章　玻璃及加工工艺

【学习任务】

1. 编写玻璃材料调研表格

2. 不同形状器皿成型方法分析

【任务目标】

学习玻璃材料的分类、性能、用途、成型工艺等知识，并运用到产品设计中去。

【任务要求】

能够积累一定量的玻璃材料知识，并了解玻璃材料的成型工艺，且运用到产品造型设计中去。

第一节　认识玻璃材料

请同学们从器皿、电子产品、家电、家具、交通工具、包装、建筑等领域中寻找玻璃的应用，并编写调研表格。格式如表 7–1：

玻璃材料调研整理　　表 7–1

序号	应用范例	材料名称	材料性能	相似用途	应用范例	材料印象
1						
2						
3						
…						

一、基础知识介绍

玻璃有着悠久的历史，在我们的日常生活中扮演着重要角色，应用在日常生活、工业生产、科学实验等众多领域。

1. 玻璃的特性

1）具有良好的光学性能

玻璃是一种具有光泽度的高透明度的物质，可以反射一部分光线，可以吸收一部分光线，可以透过一部分光线，应用于包装、门窗、艺术品等。此外玻璃还具有感光、变色、防辐射、光存储等一系列光学性能。

2）抗张强度较低、抗压强度高

玻璃是一种脆性材料，塑性低，脆性大，冲击韧性差，抗张强度较低，抗压强度较高。

3）硬度大

玻璃具有较高的硬度，大于一般的金属，仅次于金刚石、碳化硅等。

4）导热性差

玻璃的导热性差，不能经受温度的急剧变化，而且厚度越大，承受温度剧烈变化的能力越差。

5）常温下是电的不良导体

常温下玻璃是电的不良导体，但是随着温度的升高，导电性迅速提高，熔融状态时则为电的良导体。

6）化学稳定性好

玻璃的化学稳定性好，大多数玻璃都能抵抗除氢氟酸外的酸的腐蚀，但是耐碱性腐蚀的能力较差。

2. 玻璃的分类

玻璃的分类有多重依据，按用途和使用环境分为日用玻璃、技术玻璃、建筑玻璃、玻璃纤维等；按生产工艺可以分为热熔玻璃、浮雕玻璃、钢化玻璃、夹层玻璃、中空玻璃、夹丝玻璃等。

常用的玻璃有：

1）平板玻璃

平板玻璃是所有平板状玻璃的统称。平板状的磨光玻璃、磨砂玻璃、压花玻璃、釉面玻璃、彩色玻璃、夹层玻璃、夹丝玻璃、镀膜玻璃等均属于平板玻璃（图 7–1）。

2）器皿玻璃

器皿玻璃是用于制造日用器皿、艺术品和装饰品的玻璃。有着良好的透明度，机械强度较好、耐热震性较好、化学稳定性较好、可以有鲜艳的颜色和美观的图案（图 7–2）。

图 7–1　平板玻璃

图 7–2　器皿玻璃

3）钢化玻璃

钢化玻璃又称强化玻璃，是经过物理的或化学的强化处理后而具有良好的抗冲击性能、抗弯强度大大提高、热稳定性好的玻璃。破碎时，碎片不带尖锐棱角，减少了对人的伤害，又称安全玻璃。可用于汽车的风挡玻璃。

4）光学玻璃

光学玻璃用于制造光学仪器或设备中的透镜、棱镜、反射镜等。它材质均匀透明度高、具有精确的光学常数、稳定的光学性能。

5）特种玻璃

随着技术的发展，人类开发出了很多新型玻璃，如：天线玻璃、灭菌玻璃、可钉玻璃、导电玻璃、调光玻璃、发电玻璃等。

二、实施过程

参照第三章中第一节的实施过程。

三、任务小结

通过这一任务的完成，使得学生对于造型常用玻璃材料有了感性认识，了解常用玻璃的性能和用途，具备一定的调研能力，理解产品选择材料的依据，能够根据材料的用途判断材料的基本性能，培养了学生对材料的敏感性。

第二节　玻璃的成型方法

请同学判断以下两个造型可能用到的成型工艺（图 7–3、图 7–4）。

图 7–3　造型一

图 7–4　造型二

一、基础知识介绍

（一）玻璃的成型加工

1. 压制成型

压制成型是在模具中加入玻璃熔料然后加压成形，多用于制造盘、碟、玻璃砖等（图 7–5）。

2. 吹制成型

玻璃的吹制成型是将玻璃粘料制成雏形，再将压缩气体吹入雏形中，使之成为中空制品，分为机械吹制成型和人工吹制成型，用于制造瓶、罐、器皿、灯泡等中空造型（图 7–6）。

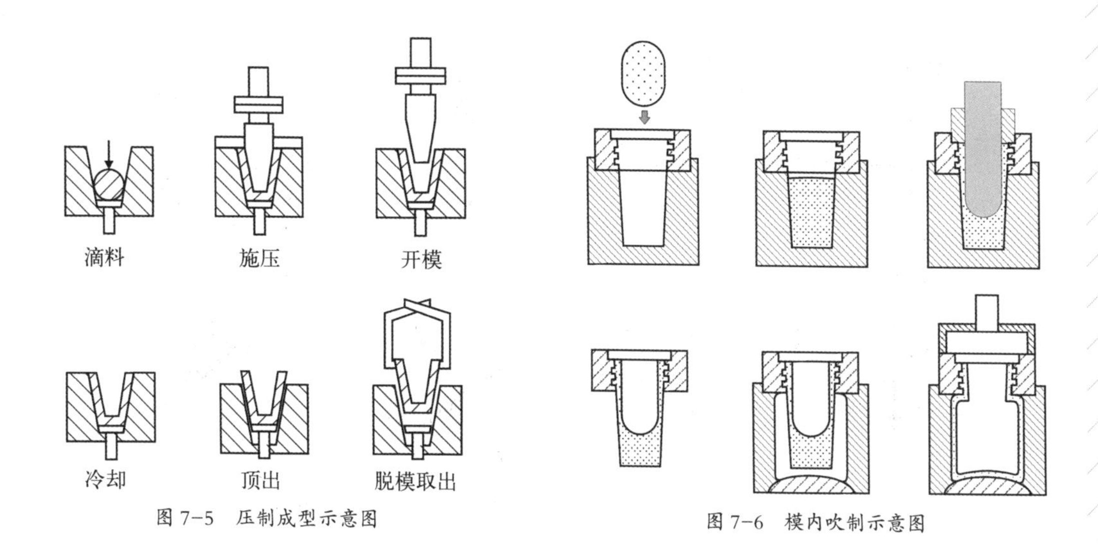

图 7-5　压制成型示意图

图 7-6　模内吹制示意图

3. 拉制成型

拉制成型是利用机械引力将玻璃熔料制成制品。主要用于生产平板玻璃、玻璃管、玻璃纤维等具有固定截面形状的制品。

4. 铸造成型

将玻璃熔料注入模具内，运用退火、冷却成型的方法，用于各种光学器件、艺术雕刻、装饰玻璃的制造等。

5. 压延成型

压延成型是利用金属辊将玻璃熔料压成板状制品，主要用于生产压花玻璃、夹丝玻璃等。

（二）二次加工

1. 切割

切割是利用金刚石或硬质合金刀具划割玻璃表面并使之在相应位置断开的加工（图 7-7）。

2. 连接

是指利用胶粘剂、金属连接件等方法将玻璃连接在一起（图 7-8、图 7-9）。

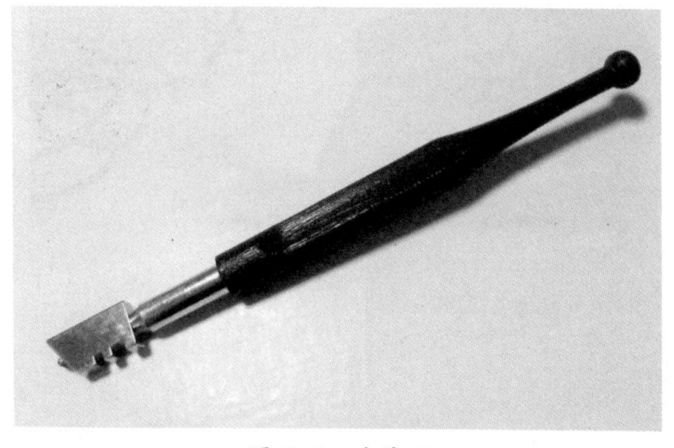

图 7-7　玻璃刀

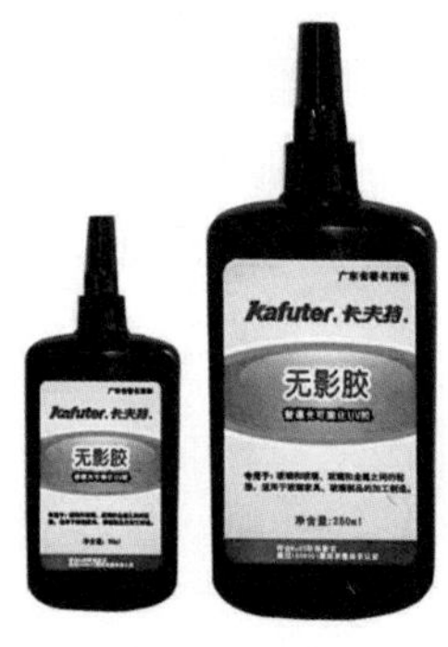

图 7-8　无影胶

图 7-9　玻璃五金件

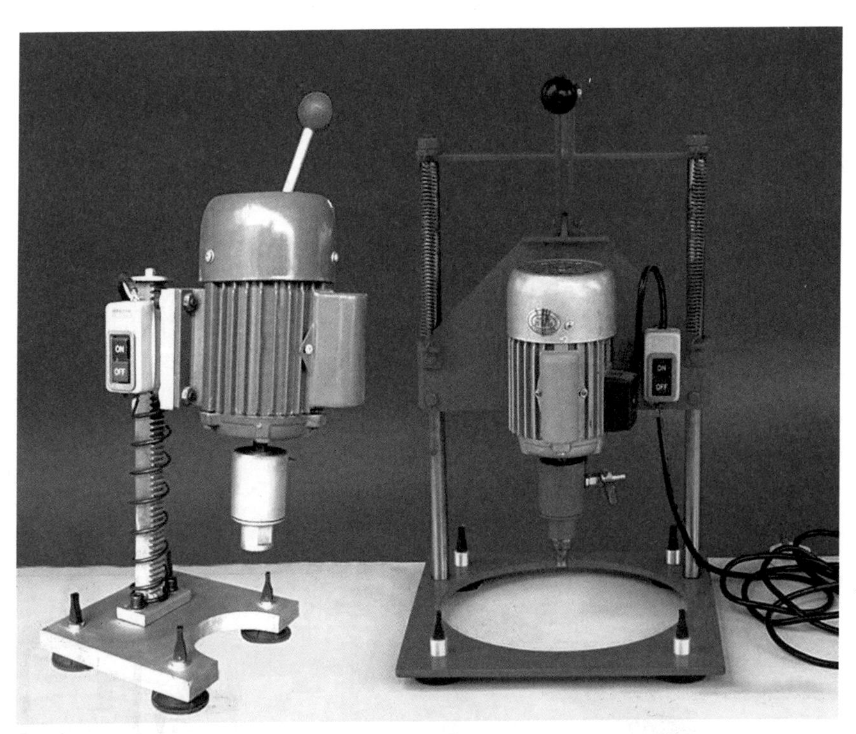

图 7-10　玻璃打孔机

3. 打孔

是按照孔径的大小采用玻璃刀划孔或钻孔的方法（图 7-10、图 7-11）。

4. 热弯

将玻璃加工成预定的形状和尺寸，再加热到软化，然后靠自重或其他作用力将其弯曲成型的方法。

5. 拉丝热塑

以小型喷枪或灯炬加热玻璃到软化程度，然后使用拉长、扭曲、缠绕等技巧，连接组合成造型的方法。

图 7-11　玻璃打孔钻

（三）玻璃的表面处理

1. 研磨

利用磨料将玻璃制品粗糙不平之处或是多余部分磨去，使之具有平整的表面或预定的形状和尺寸。

2. 抛光

利用抛光材料将玻璃加工成具有很高光洁度和透光度的程度。有火抛光、化学抛光等方法。

图 7-12　喷砂

3. 喷砂

利用高速气流将石英砂或金刚砂吹到玻璃表面，使玻璃表面形成毛面的方法（图 7-12）。

4. 蚀刻

利用氢氟酸将玻璃表面没有涂有蜡液处腐蚀而得到预定的图案或文字的表面处理方法（图 7-13）。

图 7-13　玻璃蚀刻

5. 雕刻

使用雕刻工具或砂轮在玻璃表面雕刻或磨刻图案的方法。

6. 彩绘

用颜料在玻璃表面描绘图画，有时需要热固定，有时也可以用金属颜料（图 7-14）。

图 7-14　彩绘

7. 镀膜

利用化学反应使金属层附着在玻璃表面，或是将金属有机物或氧化物喷在热玻璃表面的表面处理方法（图 7-15）。

图 7-15 镀膜

图 7-16 镶嵌

8. 镶嵌

用金属条为线框组合大量的彩色玻璃板的技法（图 7-16）。

9. 丝网印刷

将色料涂于图案网版上，再用柔性刮片挤压色料，使其通过滤网在玻璃制品上留下图案（图 7-17）。

二、实施过程

1. 造型一：为敞口造型，底部厚，侧壁薄，侧面曲线为直线，使用压制成型，脱模方便，而且生产效率高，制品尺寸比较稳定。

2. 造型二：为口小肚大的造型，适合用吹制成型的方法。压延成型和拉制成型适合生产截面尺寸固定或是平面状的制件，压制成型和铸造成型无法脱模。

三、任务小结

通过这个任务使学生了解玻璃常用的成型方法，能够根据造型选择适用的成型方法。

图 7-17 丝网印刷

第八章　复合材料

【学习任务】

比较普通材料和复合材料

【任务目标】

学习复合材料的分类、性能、用途、成型工艺等知识，并运用到产品设计中去。

【任务要求】

能够将复合材料与普通材料进行比较，理解复合材料性能的优势，理解根据不同的功能要求选择合适的材料加以复合这这一材料设计的基本思路。

请同学们比较铝箔和铝塑复合膜、ABS 塑料和玻璃钢的性能的相同和不同之处，理解复合材料的组成和优势。

一、基础知识介绍

复合材料是指金属与金属、金属与非金属或非金属与非金属复合而成的多相体系。即凡是两种或两种以上不同化学性质或不同组织结构，以微观或宏观的形式组合而成的新材料，均可称为复合材料。

复合材料一般有两个基本相，一为连续相，称为基体；一为分散相，称为增强材料。两相互相取长补短，使得材料的综合性能优于原材料，同时具有很大的设计自由度，通过选择适合的基体和增强材料，或是控制它们的比例，或是改变增强材料在基体中的分布与取向，可以在一定范围内调节复合材料的性能。

复合材料种类众多，按照基体材料不同有金属基复合材料、陶瓷基复合材料、合成树脂基复合材料等；按照增强材料不同也可以分为玻璃纤维复合材料、碳纤维复合材料、有机纤维复合材料、陶瓷纤维复合材料等；按照结构特点分为纤维增强复合材料、夹层复合材料、细粒复合材料、混杂复合材料等。

1. 合成树脂基复合材料

合成树脂基复合材料是以合成树脂等高分子聚合物为基体，以纤维、颗粒形式为增强材料组成的复合材料，是发展最早、研究最多、应用最广的一类复合材料。它在建筑、化学、交通运输、机械电器、电子工业及医疗、国防等领域都有广泛应用。

2. 金属基复合材料

金属基复合材料一般是以金属或合金为基体，以颗粒、晶须或纤维形式为增强材料组成的复合材料。目前其制备和加工比较困难，成本相对较高，常用在航天航空和军事工业上。

3. 陶瓷基复合材料

陶瓷基复合材料是以陶瓷为基体，以各种纤维为增强材料组成的复合材料。利用纤维材料的高弹性、高韧性来改善陶瓷基体的脆性，从而得到有优良韧性的纤维增强陶瓷基复合材料。主要用作高温及耐磨制品。

复合材料的成型方法需要参照其基体的成型方法。

图 8-1 铝箔托盘

图 8-2 铝塑复合包装袋

图 8-3 ABS 机壳

图 8-4 玻璃钢头盔

二、实施过程

1. 铝箔是用金属铝直接压延而成的薄片，它具有银白色的光泽，防潮、气密好、遮光、耐腐蚀、保香、无毒无味、可烫印出各种美丽的图案和花纹，但是轻度低，导热性好不利于保温。

将铝箔与纸、塑料薄膜复合后，纸的强度，塑料的热密封性融为一体，成为了优秀的包装材料（图 8-1、图 8-2）。

2. ABS 塑料具有良好的综合机械性能，在产品造型领域中应用广泛，但是在一些特殊领域中比如安全领域，ABS 的强度远远不能满足需要，如果换用强度更高的金属材料，那么重量会大幅提高。而玻璃钢是以玻璃纤维作为增强材料，以合成树脂作基体材料的一种复合材料，它的密度只有碳钢的 1/4~1/5，而强度却接近甚至超过碳钢，综合了塑料和碳钢的的优点（图 8-3、图 8-4）。

3. 陶瓷耐高温、硬度高、耐磨性好、耐腐蚀性好，但却是一种脆性材料，在加工与使用过程中，容易产生灾难性破坏。但是在陶瓷的基体上加入颗粒、晶须或纤维等增韧材料，可增强材料的韧性（图 8-5、图 8-6）。

图 8-5 瓷杯

图 8-6 陶瓷基复合刀具系列

三、任务小结

通过这一任务的实施，学生认识了复合材料，了解常用复合材料的性能和用途。了解了根据不同的功能要求选择合适的材料加以复合这一材料设计的基本思路。培养了对材料的敏感性，为将来能够利用材料自身的性能巧妙的设计产品奠定基础。

参考文献

[1] 尹定邦 . 设计学概论 . 长沙：湖南科技出版社，2002.

[2] 李煜 . 产品工学基础 . 北京：高等教育出版社，2003.

[3] 邱潇潇，许熠莹，延鑫 . 工业设计材料与加工工艺 . 北京：高等教育出版社，2009.

[4] 陆立颖 . 建筑装饰材料与施工工艺 . 上海：东方出版中心，2013.

[5] （美）吉姆・莱斯科 . 工业设计——材料与加工手册 . 北京：中国水利水电出版社 . 知识产权出版社，2005.

[6] 陈思宇，王军 . 产品设计材料与工艺 . 北京：中国水利水电出版社，2013.

[7] 姬瑞海 . 产品造型材料与工艺 . 北京：清华大学出版社，北京交通大学出版社，2010.

[8] （美）库法罗 . 工业设计技术标准常备手册 . 上海：上海人民美术出版社，2009.

[9] （英）保罗・罗杰斯，亚历克斯・米尔顿 . 国际产品设计经典教程 . 北京：中国青年出版社，2013.

[10] （瑞士）格哈德・霍伊夫勒 . 工业产品造型设计 2，北京：中国青年出版社，2007.

[11] （英）克里斯・莱夫特瑞 . 欧美工业设计 5 大材料顶尖创意：玻璃 . 上海：上海人民美术出版社，2004.

[12] （英）克里斯・莱夫特瑞 . 欧美工业设计 5 大材料顶尖创意：金属 . 上海：上海人民美术出版社，2004.

[13] （英）克里斯・莱夫特瑞 . 欧美工业设计 5 大材料顶尖创意：木材 . 上海：上海人民美术出版社，2004.

[14] （英）克里斯・莱夫特瑞 . 欧美工业设计 5 大材料顶尖创意：陶瓷 . 上海：上海人民美术出版社，2004.

[15] （英）克里斯・莱夫特瑞 . 欧美工业设计 5 大材料顶尖创意：塑料 . 上海：上海人民美术出版社，2004.

[16] 刘观庆 . 工业设计资料集（共 10 册）. 北京：中国建筑工业出版社，2007.

[17] 张乃仁 . 设计词典 . 北京：北京理工大学出版社，2002.

[18] 闻邦椿 . 机械设计手册（共 6 册）. 北京：机械工业出版社，2010.

[19] （英）克里斯・拉夫特里 . 产品设计工艺 . 北京：中国青年出版社，2008.

[20] （美）查尔斯 A・哈珀 . 产品设计材料手册 . 北京：机械工业出版社，2004.

[21] 钟名湖 . 电子产品结构工艺 . 北京：高等教育出版社，2002.

[22] 畅玉亮，樊立萍 . 电工电子学教程 . 北京：化学工业出版社，2000.

[23] 王国玉，余铁梅 . 电工电子元器件基础 . 北京：人民邮电出版社，2009.